김
동
훈

초등학생 때 월간지 사은품으로 천체망원경을 받은 것이 계기가
되어 별과 우주를 동경하기 시작했다. 별이 잘 보이는 곳을 찾아
호주, 몽골, 남미, 북유럽을 여행했다. 2008년 몽골에서 처음 개
기일식을 관측한 이후 오로지 일식을 쫓아 일곱 개 나라를 다녀
왔다. 2015년에는 2분 25초 동안 일어나는 개기일식을 관측하려
고 비행기를 10여 회 갈아타고 북극 스발바르제도에 다녀왔다.
설원을 배경으로 펼쳐지는 개기일식은, 영하 20도 넘는 추위와
북극곰의 위협을 까맣게 잊을 만큼 매혹적이었다.
등산이라면 질색이다. 그러나 이번이 아니면 6800년을 기다려야
볼 수 있는 혜성 때문에 한여름에 해발 1256m 청옥산을 오르는
시간은 기쁨이었다. 칠레 아타카마 사막의 해발 4000m 고원을
찾았을 때 고산병으로 심하게 고생했지만, 천문 이벤트가 있다
면 주저하지 않고 비행기 표를 끊는다.
연세대학교 기계공학과와 동대학원을 졸업했다. 한국천문연구
원 주최 제25회 천체사진 공모전 최우수상을 비롯해 동공모전에
서 다수 수상했다. 2021년에는 국립과천과학관에서 주최한 제
2회 스마트폰 천체사진 공모전 심사위원을 맡았으며, 전시회를
통해 아름다운 우주 풍경을 많은 이들에게 소개하는 일에 새로
운 설렘을 느끼고 있다.
지은 책으로 『풀코스 별자리여행』(공제), 『어크로스 더 유니버스』
(공제) 등이 있다.

표지사진 _ ESO/P. Horálek
표지디자인 _ 강선욱

별 　　 은
사 　랑 을
말 　하 지
않 　는 다

김동훈 지음

어바웃어북

머리말

밤하늘에 밑줄을 긋는 시간

별을 마지막으로 본 게 언제인지 기억하는가? 며칠 전, 몇 주 전, 몇 달 전까지 시간을 되짚다 보니 답은 생각나지 않고 왠지 서글퍼진다. 누군가는 "가로등과 차량 불빛이 점령한 도시 하늘에서 어떻게 별을 봅니까?"라고 반문할지 모르겠다. 헤아릴 수 없이 많은 별은 아니지만 분명 도시에서도 별을 볼 수 있다. 아파트 숲, 심지어 마천루가 즐비한 도심 한복판에서도 맑은 날 고개를 들어 하늘만 올려다보면 어디선가 반짝이는 별 하나를 만날 수 있다.

새벽 출근길에 졸린 눈을 비비며 발걸음을 재촉할 때나 물먹은 솜처럼 무거워진 몸을 이끌고 집으로 돌아갈 때 필자는 꼭 하늘을 본다. 어떤 때는 금성, 어떤 때는 시리우스가 반갑다고 윙크하며 졸졸 따라온다.

별은 우리의 머리와 가슴을 동시에 노크한다. 그래서 별 보기는 과학적 탐구 활동이자 아름다움과 낭만을 좇는 행위이다. 2분 25초 동안 일어나는 개기일식을 관측하려고, 비행기를 10여 회 갈아타고 북극권에 다녀온 적이 있다. 별에 관한 나의 깊은 애정을 알게 된 사람들조차 이해할 수 없다는 표정을 지으며 이렇게 묻는다. "별이 왜 그렇게 좋아?" 대개 이런 질문을 받으면 "좋은데 이유가

004

있나"라고 얼버무리곤 했다. 곰곰이 생각해보니 별에 내 모든 것을 쏟아붓는 데는 두 가지 정도의 이유가 있다.

인간은 광활한 우주에서 찰나에 불과한 시간을 머물다가는 존재이다. 그럼에도 광대한 시공간의 일부라도 이해한다는 건 형용할 수 없는 기쁨이다. 우리는 별이 탄생과 죽음을 반복하며 흩뿌린 먼지에서 태어났다. 별 먼지인 우리는 모두 작은 별이다. 그래서 우주를 이해하는 일은 우리 자신을 탐색하는 여정이다.

두 번째 이유는 별이 건네는 조용한 위로 때문이다. 별빛과 눈을 맞추고 그 의미를 헤아리다 보면 소란한 세상일은 까맣게 잊는다. 고개를 들어 하늘을 올려다보는 것만으로도 복작이는 인간 세상을 넘어서는 무한한 세계를 만날 수 있다. 밤하늘을 올려다보는 건 내가 아는 가장 무해한 취미 가운데 하나이다.

 절판되어 일반 서점에서는 사라진 책을 중고로 산 적이 있다. 책장을 넘길 때마다 군데군데 그어진 밑줄에 자꾸 눈이 갔다. 마지막 장을 넘길 때까지 전 주인의 안목과 취향이 깃든 밑줄은 친절한 안내자 역할을 했다. 헌 책에 그어져 있던 밑줄처럼 밤하늘에 밑줄을 그어보기로 했다. 떠나보내기 아쉬운 밤, 이야기 나누고 싶은 밤, 기억하고 싶은 밤. 내가 밤하늘에 그은 밑줄을 차곡차곡 모은 것이 이 책이다.

"사랑하면 알게 되고 알면 보이나니 그때 보는 것은 전과 같지 않으리라." 조선 후기 문장가 유한준의 글이다. 이 글은 미술사학자 유홍준이 『나의 문화유산 답사기』에 소개해 유명해졌다. 아는 만큼 보이는 마법은 문화재뿐만 아니라 별에도 적용된다. 별과 우주를 담은 사진은 그냥

보아도 좋지만, 의미를 알고 보면 더 깊은 감동을 느낄 수 있다.

붉은 태양에 끼어든 가늘고 옅은 초록색 띠인 녹색 광선이 얼마나 귀한 것인지, 곁에 있는 이들이 나와 어떤 천문학적 확률로 맺어진 인연인지, 눈앞에서 반짝이는 별빛이 얼마나 오래전에 자신의 별을 떠나 이곳에 도착했는지……. 작은 의미를 아는 것만으로 여러분은 우주에 흠뻑 빠져들 것이다.

사진 안에 담긴 과학을 깊이 파고들다 보면 어느새 우주는 복잡하고 어려운 대상으로 바뀌어, 오히려 더 멀어져 간다. 그래서 과학 이야기는 일상 언어로 쉽게 풀고, 별을 즐기는 데 방해가 되지 않을 만큼만 담았다.

밤하늘에 밑줄을 그으며 수집한 사진과 함께 직접 찍은 천체사진을 통해 필자가 느낀 경험을 함께 나누려 한다. 지구 상에서 별이 가장 잘 보이는 곳에서 온몸으로 우주를 느끼는 경험은 모두의 바람이기 때문이다.

별에 대한 동경은 초등학생 때 받은 월간지 사은품에서 시작되었다. 지금 기준으로는 조악한 천체망원경이었지만, 덕분에 밤을 기다리고 가슴에 우주를 품었다. 하늘에 소금을 뿌려 놓은 것처럼 은하수가 눈부시게 펼쳐진 밤하늘. 그런 밤하늘 아래 처음 섰을 때는 별이 너무 많아서 외워뒀던 별자리와 별을 하나도 찾을 수 없었다. 그냥 바라보기만 해도 좋았을 것을, 그때는 잘 몰랐다. 무엇이든 꼭 찾겠다는 일념으로 별 밭을 헤매다 보니 나중에는 현기증이 느껴졌다.

별이 쏟아질 것 같은 밤하늘도 자꾸 보니 익숙해졌다. 그러자 좀 더 많은 별, 깊은 우주를 만나고 싶은 욕심이 들었다. 직장 상사의 눈치를 보며 휴가를 이어 붙여서 호주, 몽골, 남미, 북유럽을 여행했다.

별에 관심을 두게 되면 언제 그 별이 뜨고 지는 지, 언제 볼 수 있는지 알아보게 된다. 태양은 늘 똑같이 뜨고 지는 것 같지만, 조금만 관심을 두면 뜨고 지는 시간과 위치가 조금씩 달라진다는 걸 알아챌 수 있다. '우주의 시간'을 읽을 수 있게 되면 마음을 온통 하늘에 빼앗기게 된다. 오늘은 금성과 목성이 만나고, 내일은 보름달이 지구 그림자에 숨고, 모레는 국제우주정거장(ISS)이 천정을 가로질러 가고……. 일정표는 일상에서 해야 할 일 대신 밤에 관람할 천체들로 채워진다.

하늘에서 벌어지는 일들은 한 치의 오차도 없이 시작되고 끝난다. 우주 쇼는 재방송과 다시보기 버튼이 없어서 항상 긴장되고 바쁘다. 2012년 호주로 개기일식을 보러 갔다. 태양이 달에 완전히 가려질 시각에 구름이 그 앞을 지나가기 시작했다. 일식이 조금만 늦어지길 간절히 바랐지만, 나의 바람과 상관없이 우주 시계는 단 0.1초도 틀리지 않았다. 관측을 위해 쓴 경비와 노력은 물거품이 되었지만, 그날 거대한 우주 시계가 움직이는 소리를 들었다.

우주 이곳저곳에 흩어져 있는 아름다운 풍경을 이렇게 한데 묶어보니, 페이지마다 마치 보석을 숨겨놓은 것 같다. 책장을 넘길 때마다 눈부시게 빛나는 우주를 만나고, 책을 읽고 있는 여러분이 결국은 우주 속에 있다는 것을 느끼는 시간이 되었으면 좋겠다.

우주의 보석상자를 부치며

김동훈

(차례

차례

차례

st night

일생에 단 한 번

지구를 잠식한 바이러스에 전 세계가 암울했던 2020년, 니오와이즈 (Neowise)* 혜성이 '혜성'처럼 등장했다. 아름다운 자태와 어울리지 않 게 혜성은 얼음과 먼지로 되어 있다. 혜성이 태양과 가까워지면 얼음과 먼지 등이 증발하면서 태양풍에 밀려나 긴 꼬리가 생긴다. 태양을 만난 혜성은 몸집이 작아지고, 태양을 만날 때마다 조금씩 야위어간다.

* 지구에 근접하는 천체를 감시하는 미항공우주국(NASA)의 니오와이즈 탐사 위성이 처음 발견해 붙여진 이 름이다.

니오와이즈 혜성처럼 맨눈으로 긴 꼬리를 볼 수 있는 혜성은 몇십 년에 한 번 만날 수 있을 만큼 귀하다. 카메라를 챙겨 강원도 평창 청옥산으로 향했다. 산에 오르기 전에 다시 일기예보를 확인했지만, 관측을 확신할 수 없었다. 이번에 놓치면 자그마치 6800년을 기다려야 한다! 처음이자 마지막이라는 기회는 적은 확률을 붙들고 한여름에 해발 1256m 산을 오를 충분한 이유가 됐다. 그날 저녁 아주 잠깐이었지만, 이번 생에 다시 만날 수 없는 혜성을 보았다.

KIM DONGHOON

불면의 밤

몽골의 서북쪽 끝에는 해발 4000m가 넘는 타왕복드(Tavan Bogd)가 있다. 몽골어로 타왕은 '5', 복드는 '산'을 뜻한다. 타왕복드는 몽골, 중국, 러시아 3개국 국경이 만나는 곳으로, 다섯 개의 봉우리는 사철 만년설로 덮여 있다.

산에 오르기 전에 숨을 고를 겸 그 아래 설치된 캠프에서 하룻밤을 보내기로 했다. 어둠이 내려오자 몽골 전통 가옥인 게르의 난로 연통 위로 마치 연기가 피어오르듯 은하수가 피어올랐다. 이곳은 우주와 지상의 기운이 만나는 접점이구나!

별빛이 두 눈으로 쉴 새 없이 뛰어드는 통에 별이 모두 물러날 때까지 잠을 청할 수가 없었다. 솔롱고스(Solongos)*에서 온 이방인의 소원은 불면의 밤이 끝나지 않는 것이었다.

---

* 몽골에서는 한국을 솔롱고스라고 부른다. "코리아에서 왔다"고 하면 갸웃하던 몽골 사람들은 "솔롱고스에서 왔다"고 고쳐 말하면 고개를 끄덕인다. 솔롱고스는 '무지개가 뜨는 나라'라는 뜻이다. 해가 질 때 무지개가 동쪽에서 자주 뜨기 때문에 붙여진 이름이 아닐까 짐작해 본다.

별일 없는 하루

태양계에서 몸집이 가장 큰 행성인 목성에 누가 펀치를 날렸을까? 목성에 타박상을 입힌 범인은 '슈메이커-레비 9' 혜성이다. 혜성은 21개 핵으로 분리되어 1994년 7월 16일부터 22일까지 목성에 차례차례 충돌했다. 사진은 가장 큰 핵이 충돌하며 생긴 자국으로, 지구가 들어가도 될 만큼 컸다. 충돌 당시 핵무기 600개를 한꺼번에 터트렸을 때만큼 엄청나게 큰 에너지가 발생했다.

슈메이커-레비 9 혜성의 목성 충돌은 인류가 처음 관측한 태양계의 천체 충돌 장면이었다. 이를 통해 우리는 만약 소행성이 지구와 충돌하면 어떤 일이 발생할지 짐작해 볼 수 있게 되었다.

만일 슈메이커-레비9 혜성이 지구와 충돌했다면 어떤 일이 벌어졌을까? 아마 우리는 존재할 수 없을 것이다. 우주에는 항상 위험이 도사리고 있으며, 지구 역시 한시도 안전하지 않다.

어쩌면 우주에서 가장 큰 기적은 별일 없는 하루, 또 그 하루를 별일 없이 산 나와 당신일지 모른다.

검은 달

달이 완전히 둥근 모양일 때가 한 달에 두 번 있다. 보름과 삭일 때다. 지구를 공전하는 달이 태양과 지구 사이에 있을 때가 삭이다. 삭의 달은 태양 가까이 있기 때문에 보이지 않는다.

분명 떠 있지만 보이지 않는 달. 그런데 그 달이 태양을 완전히 가리면 모습이 드러난다. 빛이 닿지 않는 달, 블랙문이다.

물론 맨눈으로는 볼 수 없다. 발전된 사진 기술의 힘을 빌리면 그 모습을 드러나게 할 수 있다. 블랙문 주위로 퍼져나온 빛줄기는 태양 대기의 가장 바깥층인 코로나다. 평소 코로나는 태양의 밝은 빛에 묻혀 보이지 않는다. 보이지 않는 것이 보이는 것을 가릴 때, 숨겨져 있던 진실이 드러난다.

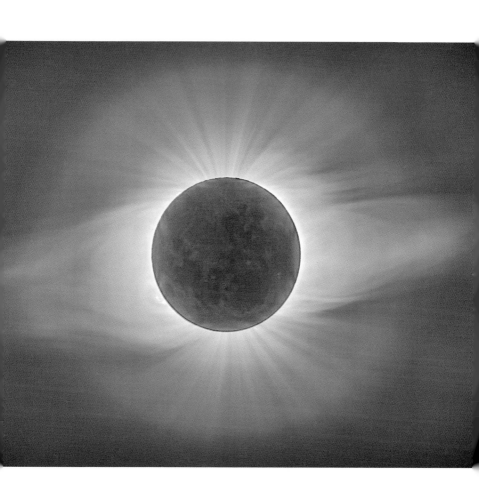

별, 도시 위를 날다

서울 한복판, 아파트 숲 너머로 별들이 떠오른다. 별은 시골이든 도시든 심지어 비 오는 날에도 뜬다. 다만 구름이 가리고 도시 불빛이 가리기 때문에 잘 보이지 않을 뿐이다. 도시화의 상징이자 세속적 욕망의 준거점인 아파트 숲 위로 떠오른 별은 도시에서는 별이 보이지 않을 거라는 편견을 깬다.

맑은 날, 밤 하늘을 올려다보는 것만으로도 생각을 뛰어넘는 현실을 마주할 수 있다.

029

별은 사랑을 말하지 않는다

우리는 별을 사랑한다고 말할 수 있지만, 별은 우리에게 사랑한다고 말하지 않는다. 무량한 별 가운데 어떤 별도 사랑을 말하지 않는다. 그저 깜박이며 빛날 뿐이다.

무심하다. 그게 별의 본질이고, 우주의 본질이다.

함께하는 사랑이 아니라고 서운해하거나 슬퍼할 필요는 없다. 인간은 무심한 존재에게도 사랑을 전할 수 있는 우주의 유일한 창조물이니까.

사막의 별 잔치

지평선 끝까지 내리꽂히는 은하수를 볼 수 있는 곳은 사막이 유일하다.
2013년 몽골 남서쪽에 자리 잡은 알타이 사막을 방문했다. 수도 울란
바토르에서 1000km 정도 떨어져 있는 알타이 사막은 초원과 구릉의
비포장길을 자동차로 3일 이상 달려야 도착한다.
험난한 여정에 몸이 녹초가 될 무렵 맞이한 알타이 사막의 밤풍경이다.
사막에 가장 짙은 어둠이 내려오자, 땅과 하늘의 경계는 오직 별이 있
느냐와 없느냐의 차이로만 구분되었다. 땅끝까지 간 별빛은 신기하게
도 전혀 어두워지지 않은 것처럼 보였다. 황량한 사막일수록 밤의 별
잔치는 더욱 화려하다.

KIM DONGHOON

발그레 물든

달항아리 속에 넣어 놓은 숯불이 항아리를 달구었나. 달이 발그레 물들었다.

지구는 태양을 중심에 두고 태양 둘레를 1년에 한 바퀴 돌고, 달은 지구를 중심에 두고 지구 둘레를 27.3일에 한 바퀴 돈다. 지구와 달이 돌다가 태양-지구-달이 일직선으로 놓이면 지구 그림자에 달이 가려지는 월식이 일어난다.

지구 그림자 속에 완전히 숨은 달은 검게 변하지 않고 붉은빛으로 다시 나타난다. 붉은빛의 근원은 지구 대기를 통과하면서 꺾인 태양 빛이다. 달에 닿은 태양 빛은 달의 곡면을 따라 입체적으로 빛난다. 달빛 때문에 사라진 별들도 이 시간에는 다시 달 주위로 모여든다.

KIM DONGHOON

하늘도 변하고 땅도 변하고

일식은 태양-달-지구가 일직선으로 늘어섰을 때 달이 태양을 가리는 현상이다. 태양이 달에 완전히 가려지면 개기일식이라고 한다. 개기일식은 매년 또는 격년으로 전 세계 어디에서든 일어난다.

하지만 2015년에 개기일식을 보러 찾아간 곳은 특별했다. 바로 북극 기지가 있는 노르웨이령 스발바르제도(Svalbard Is.)였다. 영하 20도의 매서운 추위보다는 주민 수보다 많은 북극곰을 신경 써야 하는 곳이었다.

낮게 뜬 태양이 달 뒤로 숨자 투명한 어둠이 하늘을 가득 메웠다. 하늘빛을 머금은 설원은 하늘 변화에 따라 순간순간 낯빛을 바꿨다.
내가 발 딛고 서 있는 세상과 바라보는 세상이 모두 변하는 유일한 체험이 개기일식이다.

KIM DONGHOON

백 년의 기다림

금성이 태양 앞을 지나가는 것은 굉장히 보기 드문 천문 현상으로, 거의 백 년 넘게 기다려야 만날 수 있다. 사진은 2012년 6월 금성이 태양을 가로지르는 모습이다. 금성은 검은 점으로 나타났다. 태양을 통과하는데 무려 6시간 반 정도 걸렸다. 다음번 금성의 태양면 통과는 150년 후인 2117년 12월 11일에 일어날 예정이다.

지금 지구에 사는 사람 중 이 광경을 다시 볼 수 있는 사람은 거의 없다. 한 번 지나간 것은 다시 오지 않는다. 설령 오더라도 우리의 수명을 넘어서는 것이라면 오지 않는 것과 같다. 단 한 번의 마주침이 영원 속으로 사라질 때가 많다.

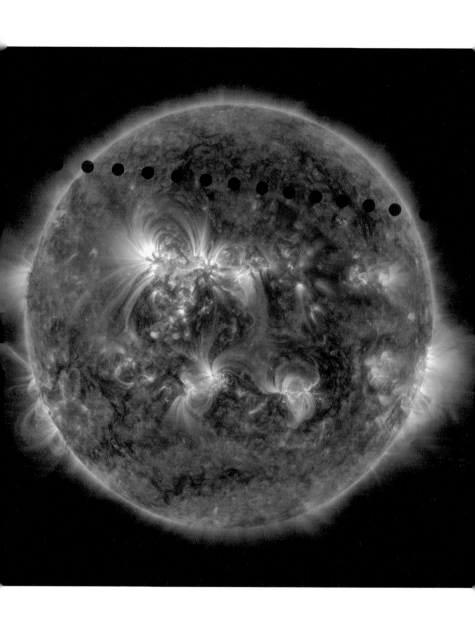

인류의 기념사진에 찍히지 않은
단 한 사람

마이클 콜린스(Michael Collins)는 인류 최초로 달에 착륙한 아폴로 11호
에 탑승했으나, 달에는 발을 딛지 못했다. 닐 암스트롱(Neil Armstrong)
과 버즈 올드린(Buzz Aldrin)이 착륙선을 타고 달에 내려가 있는 동안,
콜린즈는 사령선에 남아 있어야 했기 때문이다. 전 세계인들이 인류 최
초의 달 착륙 순간을 숨죽여 지켜보고 있을 때, 그는 홀로 사령선을 타
고 달 주위를 돌았다. 심지어 사령선이 달 뒤편으로 이동했을 때는 지
구와의 통신도 끊긴 채 암흑 속에서 혼자 있어야 했다. 인간과 가장 멀
리 떨어져 '절대 고독'을 경험한 인류 최초의 우주인이 된 것이다.

사진은 착륙선이 달을 탐사하고 사령선과 도킹하기 위해 올라오는 장
면을 콜린즈가 찍은 것이다. 콜린즈를 제외한 모든 인간이 찍힌 '인류
의 기념사진'인 셈이다. 기념사진 너머는 사진 속 이야기에서 한 걸음
물러서 있는 외로운 존재들의 자리인가 보다.

아인슈타인의 프러포즈

검은 우주 공간에서 반지 하나가 홀로 빛난다. 혹시 내 손가락에 맞지 않을까 싶어 허공에 손을 뻗어보지만, 들어갈 리 없다. 반지 모양 푸른색 고리의 정체는 무엇일까?

고리 중앙에 있는 노란색은 은하다. 푸른색 고리 역시 은하인데, 보통 은하 모습과는 많이 다르다.

사실 이 은하는 노란색 은하 뒤쪽에 있어 보이지 않는다. 그런데 푸른색 은하의 빛이 노란색 은하 주위를 지나면서 중력에 의해 휘어져 우리가 볼 수 있는 동그란 형태로 나타난 것이다. "강한 중력은 빛까지 휘게 해 렌즈 역할을 할 수 있다." 100년 전 중력 렌즈 현상을 예측한 아인슈타인(Albert Einstein)의 이름을 따서 이 은하를 '아인슈타인의 고리'라고 한다.

무심과 사심

남산타워 뒤로 설날을 지나 맞이하는 첫 만월인 정월 대보름달이 떠오르고 있다. 전망대에서 도시를 내려다보는 사람들은 등 뒤로 이렇게 거대한 달이 떠오르는 줄 모른다. 이 순간에도 사람들의 머릿속에는 걱정이 가득하다. 그들 뒤로 떠오르는 달은 사람들의 생각이나 감정과는 아무 상관 없이 무심히 떠올라 제 갈 길을 간다. 그러나 우리는 무심한 달에게 사심을 가득 담아 소원을 빈다. "달님, 올해는요⋯⋯."

남산타워와 달 사이 38만km의 공간과 좁힐 수 없는 마음의 거리가 한 장의 사진에 무한히 압축되어 있다.

KIM DONGHOON

은하수가 쏟아지는 호텔

은하수가 폭포수처럼 쏟아져 내리는 하늘 아래에 호젓한 호텔이 있다. 이 호텔은 해발 2400m의 칠레 아타카마 사막에 위치한 유럽남방천문대(ESO)* 숙박 시설이다. 4개 층에 120개의 객실이 있다.

이 호텔에는 '화성의 기숙사'라는 별칭이 있다. 주변 경관이 아주 척박해서 붙여진 이름이다. 아타카마 사막은 연간 강수량이 1~3mm밖에 되지 않는 세계에서 가장 메마른 지역이다. 그러나 황량한 사막에 어둠이 내려오면 전혀 다른 풍경이 펼쳐진다. 사방이 별천지인 이곳에서는 매일 밤 원 없이 별빛 샤워를 할 수 있다.

아쉽게도 일반인은 이런 호사를 누릴 수 없다. 별에게 일생을 바치고 있는 연구자들만 이 호텔을 이용할 수 있다.

---

*남쪽 하늘을 관측·연구하기 위해 1962년 유럽 국가를 중심으로 설립된 천문학 연구 기관이다. 본부는 독일 뮌헨에 있고, 관측 시설은 칠레 아타카마 사막에 있다.

우주에 둥둥

손대면 톡 하고 터질 것 같은 푸른빛의 거품은 성운이다. 거품 같은 성운을 만든 주인공은 성운 내부 왼쪽 위에서 보라색으로 반짝이는 밝은 별이다. 이 별에서 뿜어 나온 시속 640만km 이상의 항성풍이 근처 가스를 밀어내 커다란 거품을 만들었다.

거품 크기는 무려 약 7광년으로, 약 70조km에 해당한다. 태양에서 가장 가까운 별인 프록시마 센타우리까지의 거리보다 1.5배 더 길다. 거품을 만든 별은 태어난 지 400만 년밖에 안되었지만, 1000만~2000만 년 후에는 초신성으로 폭발해 거품처럼 사라질 것이다.

NASA, ESA, and the Hubble Heritage Team(STScI/AURA)

거부할 수 없는 끌림

태양계 밖, 머나먼 곳에서 달려온 혜성이 태양과의 재회를 기다린다.
2만 년 만이다. 우주의 시간으로는 아주 짧은 시간일지도 모른다. 혜성
은 얼음과 먼지, 가스로 이루어진 자신의 몸을 축포처럼 우주로 쏟아내
며 태양과의 만남을 기뻐한다.

태양을 만날 때마다 제 몸이 야위어 가는 걸 알면서도 혜성은 다시 돌
아온다. 운명은 그렇게 피할 수 없는 것이다.

새벽하늘에 만난 두 별

대도시의 밤하늘에 별이 없는 이유는, 반짝이는 빛이 모두 지상으로 내려와 도시를 밝히기 때문일 것이다. 하지만 꿋꿋이 밤하늘을 지키는 별들이 있다. 목성과 금성이다.

금성은 해가 뜨기 전에 동쪽 하늘이나 해가 진 후 서쪽 하늘을 지키고, 목성은 밤새 하늘을 지킬 때도 있다. 이 두 별이 있어서 아직도 도시 하늘에서 별의 낭만을 그려 볼 수 있다. 이날 눈부시게 찬란한 새벽 여명 위로 두 별빛이 사이좋게 만났다.

방황하는 별들에게

지구는 하루에 360도, 1시간에 15도씩 돈다. 그래서 밤하늘의 별도 1시간에 15도씩 회전하는 것처럼 보인다. 원을 그리며 도는 별들의 중심에는 북극성이 있다. 하지만 이건 지구 북반구에서만 해당하는 이야기다. 남반구에서는 북극성이 보이지 않는다. 남반구 하늘에도 별들이 도는 중심이 있다. 칠레 CTIO 천문대에서 찍은 둥근 궤적을 그리며 도는 별들의 중심을 살펴보자. 그 중심인 하늘의 남극에 가까워질수록 더욱 어두워진다.

북극성처럼 밝은 별이 늘 머리 위에 있다는 건 북반구 사람들에게는 축복이다. 북극성을 찾으면 길을 잃고 헤맬지언정, 방향을 잃지는 않기 때문이다. 방향만 제대로 알면 조금 오래 걸리더라도 언젠가는 목적지에 도착한다.

우주의 법칙

'별 구름'이라는 뜻의 성운(星雲)은 먼지와 가스로 이루어진 천체다. 붉게 물든 성운 중심에서 빛나고 있는 별은 용골자리(Carina)의 에타별이다. 주변 성운은 에타별의 강력한 빛을 받아 아름답게 빛나고 있다. 사진은 스피처(spitzer) 우주망원경이 적외선으로 촬영한 것이다. 붉은색은 먼지이고 녹색은 뜨거운 가스 구름이다.

에타별은 태양보다 100배 이상 무겁고 100만 배 이상 밝다. 하지만 100만 년이라는 머지않은 미래에는 초신성으로 폭발해 사라질 수도 있다. 한때 다른 별보다 더 빛났지만 그럴수록 그 빛은 오래가지 않는다.* 이것이 우주의 법칙이다.

* 영원히 빛날 것 같은 별도 시간이 지나면 죽음을 맞는다.
  별은 질량이 무거울수록 더 빨리 더 격렬하게 핵융합 작용을 해서 빛을 만들어낸다.
  그래서 질량이 큰 별일수록 수명이 짧다.

평양 시내 구경

국제우주정거장에서 내려다본 평양 시내 모습이다. 국제우주정거장이 평양 하늘 위를 통과할 때 망원렌즈로 40여 장의 사진을 촬영해 한데 합쳤다. 원본 사진은 차량까지 식별할 수 있을 정도라고 한다.

지상 400km 높이에서는 아무런 제약 없이 평양을 방문할 수 있다. 고도가 내려갈수록 인간이 만들어 놓고 제한한 여러 틀에 갇히게 된다.

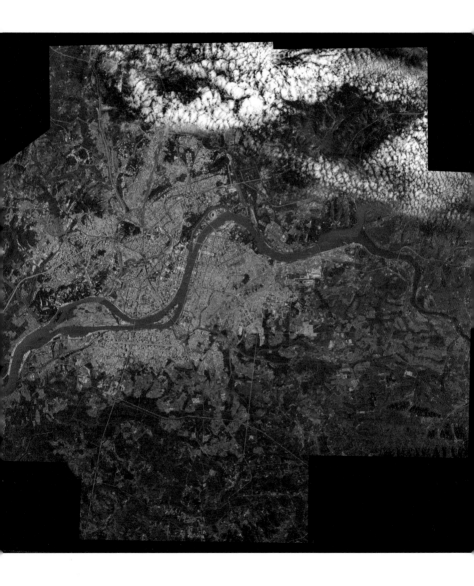

250만 광년을 달려온 별빛이 알려준 것

사진을 빽빽하게 채우고 있는 것은 모두 별이다. 그런데 이 별들은 우리 주위에서 볼 수 있는 게 아니다. 우리 은하에서 250만 광년 떨어진 안드로메다 은하에 있는 별들이다. 빛은 1초 동안 30만km를 이동하고, 지구를 일곱 바퀴 반이나 돈다. 이렇게 빠른 빛이 1년 동안 쉼 없이 나아가야 도달할 수 있는 거리가 1광년이다.

안드로메다 은하를 '안드로메다 성운'이라고 불렀던 적이 있다. 너무 멀리 있어서 별이 하나씩 따로 떨어져 보이지 않고 솜뭉치처럼 보였기 때문이다. 망원경이 발명되고 가스와 먼지가 아니라 별이 모였다는 걸 알게 되었다.

사진 속 별들은 우리 은하에 있는 그 어떤 별보다 20배 이상 먼 곳에 있다. 1923년 에드윈 허블(Edwin Hubble)은 이 별 가운데 밝기가 변하는 별(변광성)을 발견해, 우주가 우리 은하보다 훨씬 크다는 것을 처음으로 알아냈다.

250만 광년을 달려온 별빛이 속삭인다. 끝 모르게 광활한 우주에서 티끌 같은 우리는 찰나에 불과한 순간을 살다가 간다는 것을.

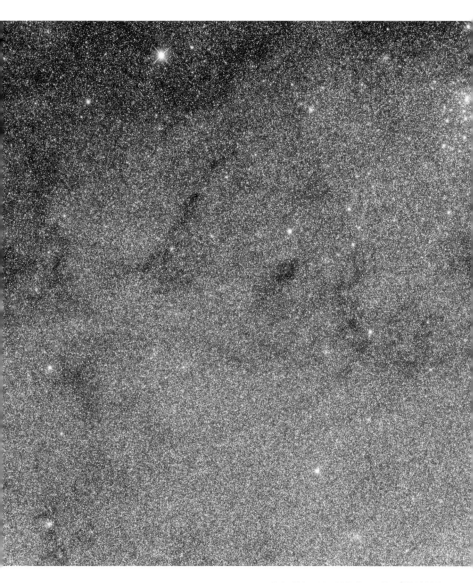

은하수 관측 명당

2015년 8월 9일 국제우주정거장의 우주비행사 스콧 켈리(Scott Kelly)가
촬영한 지구와 은하수 그리고 국제우주정거장 사진이다. 지구와 평행
하게 놓인 우리 은하 모습이 인상적이다. 마치 호주와 같은 남반구에서
은하수가 지평선과 나란히 놓이면서 질 때와 비슷한 모습이다. 이것을
'지평선에 드리운 은하수의 커튼'이라고 부른다.

별빛은 지구 대기를 통과하며 흡수되거나 산란되며 흐려진다. 대기가
전혀 없는 우주 공간에서 은하수가 얼마나 선명하게 보일지, 지구를 벗
어나 본 적 없는 나는 가늠하기조차 어렵다.

너무 선명하면 오히려 무섭지 않을까? 우주 여행이 '그림의 떡'인 보통
지구인의 시샘 섞인 예측이라고 해두자.

외로운 동반자

사진은 1977년 9월 5일에 발사된 보이저 1호가 지구를 떠나 목성으로 가는 도중인 9월 18일에 찍은 것이다. 보이저 1호는 지구에서 1167만 km 떨어진 지점에서 지구와 달을 한 화면에 처음으로 담아냈다. 지구는 동아시아, 서태평양 및 북극 일부가 보인다.

실제로 지구는 달보다 몇 배 더 밝게 보이기 때문에 달을 더 밝게 보정한 이미지다. 지구의 4분의 1에 불과한 달 크기가 잘 나타나 있으며, 두 천체가 같은 모양인 것도 인상적이다.

이 광활한 우주에서 우리의 이웃은 달이 유일하다는 것을 증명하는 사진이자, 지구 아니 인류의 고독이 여실히 드러나는 사진이다. 그러고 보니 달, 너도 외롭겠구나.

NASA

스마일 :)

지구를 벗어난 우주에서는 생명의 흔적과 비슷한 것을 찾기 힘들다. 그래서 생명과 연관된 모습이 나타나면 반갑다. 스마일 은하(공식 명칭 SDSSJ 1038+4849)도 그렇다.

두 눈을 반짝이며 빙그레 미소 짓는 얼굴 형상은 별이 아니라 은하가 만들어낸 것이다. 눈과 코, 그 아래에 웃는 입꼬리를 만든 것도 은하다. 특히 치켜 올라간 입꼬리처럼 보이는 은하는 모양이 아주 특이하다. 은하가 길쭉하게 늘어진 이유는 강한 중력이 멀리서 온 은하의 빛을 휘어져 보이게 했기 때문이다. 중력이 빚은 미소다.

NASA & ESA

창백한 푸른 점

2013년 7월 19일 토성 탐사선 카시니(Cassini)는 특별한 사진을 공개했다. 토성에서 바라본 지구 모습이다. 사진 중간 오른쪽에 밝은 점처럼 보이는 것이 바로 지구다. 14억 4000만km 떨어진 거리에서 바라본 지구는 불과 몇 개의 픽셀 조각으로 나타난다.

'창백한 푸른 점'이라 불리는 지구 사진은 이제까지 세 장 촬영되었다. 1990년 보이저(Voyager) 1호와 2006년 카시니 탐사선이 촬영한 두 장, 나머지가 이 사진이다. 창백한 푸른 점이라는 지구의 별칭은 1990년 2월 해왕성 궤도 밖에 도달한 보이저 1호가 찍은 지구 사진에 칼 세이건(Carl Sagan)이 붙인 설명이자, 1994년 그가 낸 책의 제목이다.

"저 점을 다시 보십시오. 바로 이곳은 우리의 집이자 우리 자신입니다."

— 칼 세이건, 『창백한 푸른 점』 중에서

이 작은 점에 모든 인류가 살고 있다. 인류의 행복, 고통, 생사가 눈에 잘 띄지도 않는 이 작은 행성에 달려있다.

오로라 폭풍

스웨덴 최북단에 위치한 척박한 땅, 키루나(Kiruna)로 오로라를 만나러 갔다. 오로라 관측은 기다림의 연속이다. 밤새 기다려도 나타나지 않다가 갑자기 나타났다가는 금방 사라지기도 한다. 추위 속의 기다림은 한없이 느려지는 시간을 견디는 과정이다.

'오늘은 못 보는 건가?' 낙담의 골짜기에 빠지려던 순간, 하늘 분위기가 심상치 않다. 수많은 태양 입자가 내 몸 전체를 관통하는 듯한 전율이 일 때 승천하는 용이 춤추듯 하늘에서 오로라가 휘몰아쳤다. 쏟아지는 빛줄기에 넋을 놓고 있으면 마치 내가 하늘로 올라가는 듯한 착각에 빠진다.

하늘 전체를 무대로 하는 가장 큰 규모의 '빛의 마술'이 오로라다.

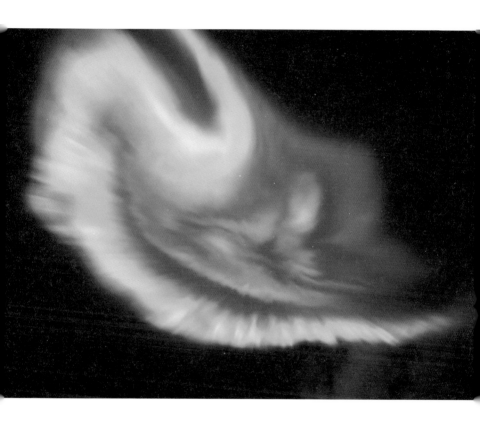

피날레

토성 탐사선 카시니호는 무려 20여 년 동안 차디찬 우주에서 자신의 임무를 묵묵히 수행하고는, 마침내 2017년 9월 15일 사라졌다.

과학자들은 카시니호가 영원히 우주를 방황하지 않도록, 그동안 카시니호가 계속 지켜보기만 했던 토성에 묻어 주기로 했다. 과학자들은 카시니호에게 가장 위험한 마지막 임무를 맡겼다. 바로 토성 본체와 고리 사이 2000km의 좁은 공간을 통과하며 본체와 고리를 가장 가까이에서 관찰하는 것이다.

카시니호는 이 좁은 공간을 무려 22번 통과하며 그 어느 때보다 토성을 잘 이해한 채 토성 대기 속으로 한 점의 유성이 되어 사라졌다. 카시니호는 마지막 순간까지도 토성의 대기 구성을 알려주는 데이터를 지구로 전송했다.

"와!" "와!!" "와!!!"

개기일식을 직접 보고 있으면 탄성을 세 번 지르게 된다. 태양이 달에 완전히 가려지기 직전(사진 왼쪽), 코로나가 나타나는 개기식(가운데), 그리고 태양이 달 그림자를 막 뚫고 나올 때(오른쪽)다. 달 표면의 울퉁불퉁한 지형 틈새를 헤치고 나온 태양 빛이 지구를 향해 강렬하게 쏟아지면서 다이아몬드 링이 만들어진다. 다이아몬드 링은 개기식 직전과 직후에 두 번 나타난다.

"와!" 하는 탄성은 태양이 달에 100% 숨는 개기식이 끝날 때 가장 커진다. 개기식이 끝나간다는 아쉬움 때문이기도 하고, 이때가 개기일식에서 가장 멋진 순간이기 때문이다.

어둠을 뚫고 달을 스치듯 통과한 한 줄기 태양 빛이 온 지구에 던져지는 모습은 천지창조를 떠올리게 한다. 이 순간, 사진과 실제 경험의 차이가 가장 극명하게 느껴진다.

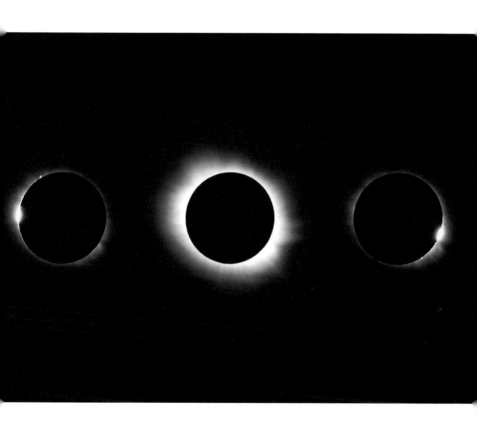

KIM DONGHOON

다가오는 위협

지구와 달 사이 거리 20배 이내를 지나는 소행성일 것. 그 가운데 지름이 140m가 넘을 것. 두 조건을 충족하는 소행성의 모든 궤도를 표시한 그림이다.

인류에게 위협이 될 만한 소행성들이 그리는 궤적은 그물처럼 촘촘하다. 이 안에 담긴 소행성만 1000개가 넘는다. 이들 가운데 하나가 100년 안에 지구와 충돌할 수도 있다.

1억 6000만 년 동안 지구를 지배했던 공룡은 소행성 충돌로 하루아침에 멸종했다. 현재 지구를 지배하는 '인류'라는 종에게도 소행성은 위협적인 존재다. 그뿐만 아니라 우리를 둘러싼 환경도 전혀 평화롭지 않다.

인류는 존립을 위협하는 다양한 위험들 사이에서 아슬아슬한 줄타기를 하고 있다.

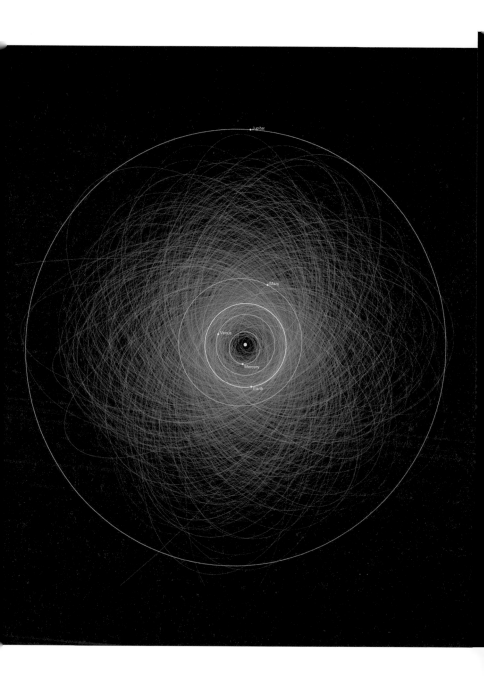

H. Hammel, MIT and NASA/ESA

우연의 우연

일출 장면을 놓치지 않기 위해 카메라를 좌우로 분주히 움직이며 구도를 맞추고 있는데, 갑자기 무언가 검은 물체가 떡하니 태양 앞을 가렸다. 새벽부터 일어나 준비한 일이 헛수고가 되었다고 탄식하는 사이에, '아!' 검은 물체의 실체를 알아챘다. 남산 팔각정의 실루엣이었다! 한마디로 얻어걸린 사진이다.

태양은 한 장소에서 보면 매년 같은 날 같은 위치에서 뜬다. 그래서 다음 해에는 우연이 필연이 된다.

083   KIM DONGHOON

st night

명왕성의 푸른 하늘

명왕성 탐사선 뉴호라이즌스(New Horizons)가 명왕성을 지나쳐 멀어져 갈 무렵 뜻밖의 놀라운 사진을 전송했다. 차갑고 어두운 먼 우주 속에 나타난 푸른빛은 마치 '생명의 행성' 지구를 대표하는 푸른색을 떠올리게 한다.

푸른빛은 명왕성을 둘러싼 대기층이 만들어낸 것이다. 유일하게 지구에만 존재하는 줄 알았던 푸른 하늘을 어둡고 추운 태양계 끝자락에서 발견한 것이다. 다른 점이라면 지구의 푸른 하늘은 공기 속 질소에 태양 빛이 산란하면서 생기지만, 명왕성은 '톨린(tholin)'이라는 작은 입자에 산란한 빛이 이토록 아름다운 푸른빛 고리를 만든다는 것이다.

종종 우주는 우리가 상상하는 것을 뛰어넘는 이미지를 이렇게 불쑥 내던진다.

1열 관람

태양에서 날아온 전기를 띤 입자들이 지구 대기의 원자나 분자와 충돌하면서 빛을 내는 것이 오로라다. 흔히 오로라는 북극에서만 볼 수 있다고 생각하는데, 그렇지 않다. 남극에서도 오로라를 볼 수 있다.

오로라는 고도 100~400km 정도 높이에서 나타난다. 400km 높이에서 지구를 돌고 있는 국제우주정거장은, 황홀한 빛의 춤사위를 눈앞에서 관람할 수 있는 일등석이다. 사진은 국제우주정거장에서 포착한 남극 오로라다.

NASA

아르테미스의 그림자

'달의 여신' 아르테미스는 눈부신 푸른빛의 지구를 항상 그리워한다. 그녀가 할 수 있는 건, 지구 주위를 맴도는 것뿐이다. 하지만 아주 가끔 태양이 만들어준 자신의 그림자를 지구에 던져 애달픈 마음을 전하기도 한다. 그것이 지구에 드리워진 달 그림자다.

지구 밖에서 달 그림자를 보면 한 지역이 그늘진 것처럼 보이지만, 달 그림자가 드리워진 지역에서는 태양이 사라지는 신비한 일이 벌어진다. 바로 개기일식이다.

2016년 3월 9일 지구에 드리워진 달 그림자는 인도양에서 인도네시아를 거쳐 북태평양으로 지나갔다. 그림자 폭은 약 150km에 불과했고 한 지역에서는 2분이 채 안 되는 시간만 하늘이 어두워지는 장관을 볼 수 있었다.

091

흔한 여가활동

우주인이 독서에 흠뻑 빠져있다. 그가 책을 읽고 있는 장소는 지상에서 400km 떨어진 국제우주정거장이다. 아마 그는 지금 퇴근해서 혹은 휴일에 개인 시간을 보내는 중일 것이다. 우주인도 지구의 보통 노동자처럼 하루 8시간, 주 5일 근무를 한다.

우주인들이 휴식 시간에 가장 많이 찾는 곳은 국제우주정거장의 관측용 모듈 큐폴라(Cupola)다. 큐폴라에는 7개의 커다란 창문이 있는데, 우주인들이 바깥을 볼 수 있게 설계되어 있다. 거대한 전망창과 함께 복잡한 장비가 가득한 큐폴라에서 우주인들은 로봇 팔을 이용해 다양한 실험을 한다.

뭐니 뭐니 해도 큐폴라에서 가장 인기 있는 활동은 '지구 바라보며 멍 때리기'다. 시속 2만 7744km로 지구를 도는 국제우주정거장에서는 24시간 동안 일출과 일몰을 16번 볼 수 있다.

천체의 불꽃놀이

지구에서 약 2만 광년 떨어진 용골자리(Carina)에 있는 거대한 성운 NGC 3603에는 우리 은하에서 가장 거대한 별 무리가 있다. 반짝이는 수천 개의 별은 이 성운 안에서 같은 시기에 태어났으며, 나이가 1천만에서 2천만 년밖에 안된 젊은 별들이다. 젊은 별 주위에 있는 성운에서는 지금도 새로운 별들이 탄생을 준비하고 있다.

해마다 미국의 독립기념일인 7월 4일에는 미국 전역에서 불꽃놀이가 펼쳐진다. 2018년에는 NASA도 불꽃놀이에 동참했다. NASA는 NGC 3603 성운 사진을 공개하면서 '천체의 불꽃놀이'라는 제목을 달았다.

NASA, ESA, R. O'Connell(University of Virginia), F. Paresce(National Institute for Astrophysics, Bologna, Italy),
E. Young(Universities Space Research Association/Ames Research Center),
the WFC3 Science Oversight Committee, and the Hubble Heritage Team(STScI/AURA)

 th night

상상력을 자극하는 얼룩

화성 표면에 나타난 거무스름하고 길쭉한 얼룩의 정체는 무엇일까? 이 수상한 얼룩은 고정되어 있지 않고, 화성 표면을 빠르게 스쳐 지나간다. 이것은 누군가의 그림자다. 그림자 주인은 바로 화성의 위성 포보스다.

포보스는 화성과 매우 가깝게 돌기 때문에 매일 화성 어디선가는 포보스의 그림자가 지나간다. 그림자 속에 서면 포보스가 태양 앞을 지나가는 일식을 볼 수 있다. 다만, 포보스의 크기가 작아서 태양을 모두 가리지는 못해 개기일식은 일어나지 않는다. 포보스는 빠르게 화성 주위를 돌기 때문에 일식 지속 시간은 30초에 불과하다.

로웰(Percival Lowell)*처럼 상상력 풍부한 누군가가 이 사진을 보았다면, 시가형 UFO가 화성 상공에 나타났다며 한바탕 소동을 피웠을지도 모른다.

* 20세기 초에 천문학자 로웰은 화성 표면에서 보이는 거뭇한 흔적이
  지적 생명체가 건설한 운하라고 주장했다.

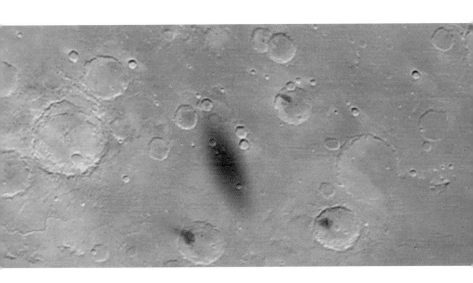

Malin Space Science Systems, MGS, JPL, NASA

 th night

풍덩!

"백만 달러를 가진 느낌이야."

우주 유영에 성공한 두 번째* 우주비행사, 에드워드 화이트(Edward H. White II)가 푸른 지구와 칠흑 같은 어둠으로 가득한 우주를 바라보며 남긴 한 마디다.

화이트는 1965년 6월 3일 미국 우주인으로는 최초로 우주선 밖으로 나와 우주 유영을 시도했다. 그는 21분간이나 우주선을 벗어나 우주 공간으로 온전히 들어갔다. 그가 오른손에 들고 있는 것은 자세 제어를 위한 장치이고, 금색 줄은 산소를 공급하고 우주선에서 멀리 이탈하지 않게 붙잡아주는 안전줄 역할을 한다.

온몸으로 우주를 느꼈던 그는 불과 2년 반이 지난 1967년 1월, 아폴로 1호 모의시험 도중 일어난 화재로 유명을 달리했다.

* 인류 최초로 우주 유영에 성공한 우주인은 러시아의 알렉세이 레오노프(Alexey Leonov)다.
  그는 1965년 3월 18일 약 5m 길이의 연결선에 매달려 12분 9초 동안 우주선 밖에 머물렀다.

참바가라브의 별

풍랑에 흔들리는 고깃배만큼이나 덜컹거리는 자동차에 몸을 싣고 몽골 초원을 질주하다가 만년설을 간직한 참바가라브(Tsambagarav) 산 아래에 텐트를 쳤다. 땅거미가 지자 초원을 하얗게 뒤덮었던 양들은 어느새 집으로 돌아가고, 야생말들도 발걸음을 멈춘 채 서서 잠을 청했다. 별들이 밤새 분주히 하늘을 맴도는 동안 지상의 우리는 밤하늘의 별만큼 많은 이야기를 나누었다.

초승달 모양 태양

미국 국회의사당 건물 뒤쪽으로 초승달 모양의 태양이 떠올랐다. 2021년 6월 10일 달이 태양을 가리는 일식이 일어났다. 이날은 달이 지구에서 조금 멀리 있었던 탓에 태양을 완전히 가리지 못하는 금환일식이 일어났다. 그린란드, 캐나다 북부와 러시아 일부 지역에서는 반지 모양의 태양을 볼 수 있었다. 그 인근 지역에서는 사진처럼 달이 태양 일부분만 가리는 부분일식이 일어났다.

미국 국회의사당 꼭대기에 걸린 초승달 모양 태양은 어쩌다 찍은 게 아니라 그 시각 태양과 건물 위치를 계산하며 치밀하게 계획한 결과물이다. 우연처럼 보이는 것도 노력의 산물인 경우가 많다.

th night

I Will Survive

아폴로 12호는 11호와 달리 원래 목표로 했던 달의 한 지점에 정밀하게 착륙하는 것이 목표였다. 계획했던 착륙 지점은 약 2년 반 전에 무인 탐사선 서베이어(Surveyor) 3호가 먼저 내려앉은 곳 근처였다. 아폴로 12호는 달에 두 번째로, 그리고 서베이어 3호 착륙 지점에서 불과 200m 떨어진 곳에 무사히 착륙했다.

사진에 서베이어 3호에 다가간 우주인 앨런 빈(Alan Bean)과 그 뒤로 멀찌감치 떨어진 아폴로 12호의 착륙선 인트리피드(Intrepid)가 보인다. 우주인들은 서베이어 3호의 부품을 회수해 지구로 무사히 귀환했다.

그런데 얼마 뒤 서베이어 3호에서 떼어온 부품을 조사하던 과학자들은 깜짝 놀라지 않을 수 없었다. 부품에서 미생물이 발견되었다! 지구인들은 "달에도 생물이 존재한다"며 흥분했다. 그러나 얼마 지나지 않아 미생물은 지구에서 부품을 제작할 때 묻어간 것으로, 영하 100도가 넘는 극한의 환경에서 2년 넘게 생존해 있었다는 사실이 밝혀졌다. 생명의 살고자 하는 근원적인 힘은 이렇게 강하다.

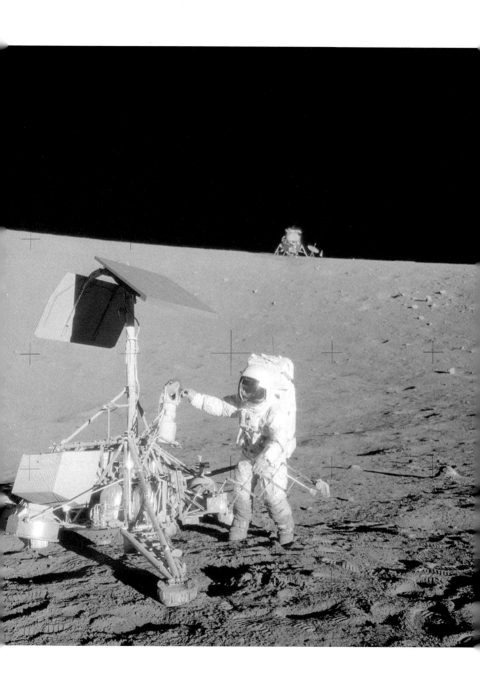

그의 곁에 서기까지

2011년 8월 5일, 여신 주노*는 남편 주피터**를 만나기 위해 먼 길을 떠났다. 5년여의 세월 동안 지구를 7만 바퀴 도는 거리만큼을 날아간 그녀는 마침내 짙은 구름을 헤치고 남편 곁에 도착했다.

태양계 다섯 번째 행성 목성은 '신들의 왕' 주피터로 불린다. 바람기 많은 주피터는 연인들과 애정행각을 벌일 때마다 아무도 눈치챌 수 없게 두꺼운 구름 장막을 치곤 했다. 구름 장막을 뚫고 주피터가 바람피우는 현장을 볼 수 있는 유일한 신이 그의 아내 주노다.

목성은 50km 두께의 거대한 가스 구름에 둘러싸여 있다. 가스 구름에서는 강력한 방사선과 자기장이 뿜어져 나온다. 과학자들은 탐사선이 두꺼운 가스 구름을 뚫고 목성 내부를 속속들이 알려주길 바라는 마음을 담아, 탐사선에 '주노(Juno)'라는 이름을 붙였다.

사진은 주노가 목성 표면에 1만 2700km까지 다가갔을 때(25번째 근접 비행) 촬영한 이미지를 시민 과학자가 회화 처리한 것이다. 목성 표면에 장미꽃이 탐스럽게 피었다. "여보, 고생 많았소"라는 말 대신 남편이 건네는 꽃다발이라고 하면, 지나친 비약일까?

* 그리스신화의 헤라
** 그리스신화의 제우스

107

스페이스 레코드

거대한 레코드판처럼 보이는 것은 토성의 고리다. 고리를 잘 드러내기 위해 본래 고리 중앙에 있어야 할 토성 본체를 지웠다. 오른쪽 아래에 고리를 가로지르는 검은 물체는 토성 본체 그림자다.

지구에서는 사진처럼 동그란 원 모양의 토성 고리를 볼 수 없다. 기껏 해야 토성 양옆으로 귀나 손잡이가 달린 것처럼 보일 뿐이다. 토성을 가까이에서 지켜보는 탐사선의 도움을 받아야만 원 모양 고리를 만날 수 있다. 토성을 에워싼 고리는 크고 작은 얼음으로 이루어져 있다.

턴테이블 위에 토성 고리 레코드판을 얹고 바늘을 내린다. 빙글빙글 도는 레코드판에서는 어떤 우주의 음악이 흘러나올까?

Words are flowing out like endless rain into a paper cup,
단어들은 끝없이 내리는 비처럼 종이컵 속으로 흘러들어 가고
They slither wildly pass, they slip away across the universe.
스르르 미끄러지며 우주를 가로질러 사라져버리네요.

— 비틀스, 〈Across The Universe〉 가사 중에서

여리고 여린

달 표면에는 운석이 충돌하며 생긴 수많은 운석공이 있는데, 사람이 인위적으로 만든 것도 있다. 사진 중앙의 운석공은 1970년 4월 14일에 생긴 것으로, 아폴로 13호 새턴V 로켓의 마지막 3단이 떨어지며 만들어졌다. 13.5t의 로켓이 시속 9000km 속도로 날아와 달과 충돌하며 지름 30m 운석공이 생겼다.

달은 상처 입기 쉽고, 한 번 상처가 생기면 좀처럼 아물지 않는 여린 천체다. 대기가 없는 달은 우주에서 날아오는 운석이나 소행성이 표면에 부딪히는 것을 막을 수가 없다. 또 대기가 없으니 풍화작용도 일어나지 않아 표면에 한 번 자국이 생기면 좀처럼 사라지지 않는다.

아폴로 13호는 우주선의 산소탱크가 폭발하는 문제로 달에 착륙하지 못하고 선회해, 겨우 지구로 돌아왔다. 그래서 달 표면에 착륙해서 해야 할 실험은 하나도 하지 못했다.

그나마 다행인 점은 아폴로 13호가 빈 로켓을 달에 떨어뜨린 덕분에 아폴로 12호가 설치했던 지진계로 지진파를 관측할 수 있었다는 것이다.

100 meters

케 세라 세라(Que será, será)

21세기에 나타난 가장 큰 혜성으로 주목받았던 '아이손(ISON)'은 2013년 11월 29일경 태양과 가장 가까워졌다. 이제 태양열을 한껏 받아 자신의 몸을 있는 대로 불태우고, 증발하는 몸체를 온 우주로 흩뿌리며 거대한 꼬리를 가진 혜성으로 변신하는 일만 남았다. 많은 지구인이 며칠간 아이손이 태양의 골짜기에서 살아나오길 손꼽아 기다렸다. 하지만 아이손은 이제껏 경험하지 못한 뜨거운 열기(2800도)와 강한 중력(지구 표면중력의 28배)에 핵을 잃어버리고, 볼품없는 모습으로 태양 주위를 돌아 나왔다. 거대한 혜성 때문에 인류가 멸망할지 모른다는 지구인들의 소동이 무색하게, 며칠 후 아이손은 흔적도 없이 사라져버렸다.

"Que será, será   케 세라 세라

Whatever will be, will be   무엇이든지 일어날 일은 일어나게 되어있어.

The future's not ours to see"   미래는 우리가 알 수 없는 것이란다.

— 도리스 데이, 〈케 세라 세라〉 가사 중에서

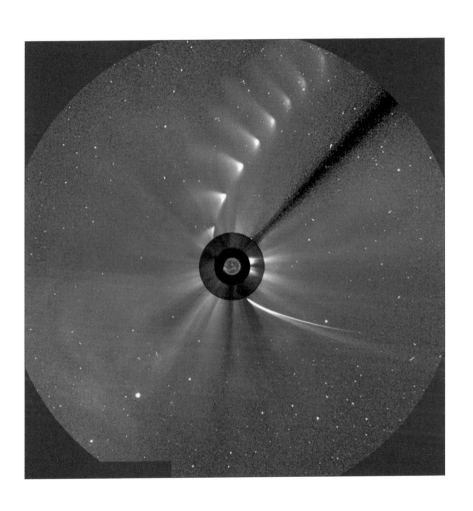

온 우주가 돕는

국제우주정거장이 태양 앞을 통과하는 순간을 포착한 사진이다. 태양을 가로지르는 검은 실루엣이 국제우주정거장이다. 국제우주정거장 양쪽 위아래로 길게 뻗은 것은 태양전지 패널이다. 축구장만 한 국제우주정거장은 하루에 15번 넘게 우리 머리 위를 지나가지만, 눈 깜짝할 새 (초속 7.7km) 통과하기 때문에 알아채기 어렵다.

국제우주정거장이 지구와 가장 가까울 때는 고도 약 400km를 통과할 때로, 이때 태양 지름 30분의 1 크기로 가장 크게 보인다. 태양을 가로지르는 속도가 0.55초에 불과해서, 0.55초만 빠르거나 늦어도 이런 장면을 담을 수 없다. 초긴장 상태에서 침착하게 찰나를 낚아채는 민첩성과 더불어 온 우주가 돕는 행운이 있어야만 찍을 수 있는 사진이다.

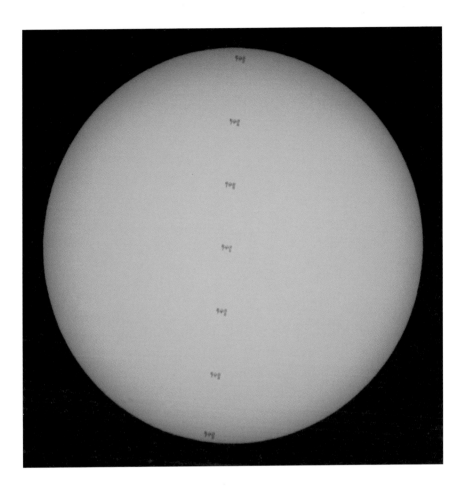

홀로 알을 지키는 펭귄

'남극의 신사'로 불리는 황제펭귄은 부성애가 깊기로 유명하다. 황제펭귄은 알을 낳으면 암컷이 먹이를 찾으러 바다로 떠나고 수컷이 발등에 알을 올려놓고 품는다. 수컷은 두 달 동안 아무것도 먹지 않고 온몸으로 눈보라를 맞으며 알을 품는다.

알을 품은 황제펭귄의 모습이 떠오르는 두 개의 은하다. 펭귄처럼 생긴 은하(NGC 2936)는 아래 있는 알 모양 은하(NGC 2937)에 이끌려 나선 팔이 휘어지고 뒤틀렸다. 펭귄 눈에 해당하는 곳이 원래 NGC 2936 중앙에 있던 은하의 핵이다. 부리와 다리의 파랗게 보이는 곳에서 새로운 별 무리가 만들어진다.

10억 년이 지나기 전에 두 은하는 합쳐져 하나가 될 것이다. 그때가 되면 "아주 먼 옛날 바다뱀의 머리 가까운 곳에서 홀로 알을 지키는 펭귄이 있었는데……"로 시작하는 옛이야기가 전해질지 모른다.

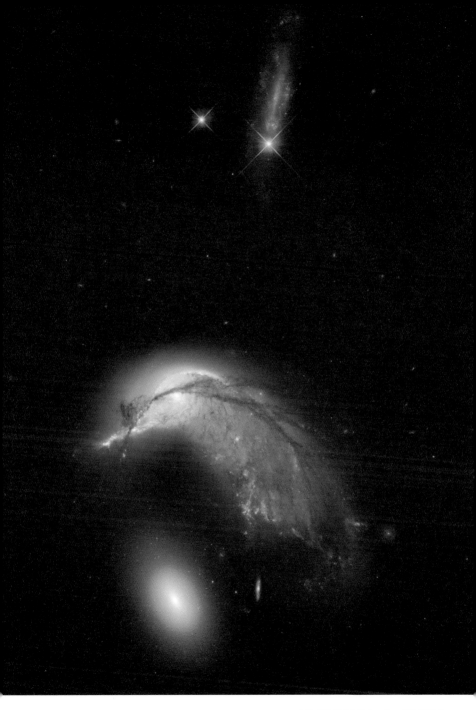

동갑내기 별

빨강, 파랑, 하양 별이 한데 어우러진 이 별 무리는 소마젤란은하에 있는 NGC 330이다. NGC 330은 지구에서 약 18만 광년 떨어진 곳에 있다. 이곳 별들은 모두 같이 태어났기 때문에 나이도 같다. 가스와 먼지가 모인 하나의 거대한 성운이 이 많은 별을 한꺼번에 만들어냈다. 함께 태어났음에도 별 색깔이 제각각인 까닭은 별의 표면온도가 다르기 때문이다. 표면온도가 낮을수록 붉은색으로, 높을수록 푸른색으로 보인다. 이 세상에 아니 우주에 똑같은 존재는 하나도 없다.

달과 금성의 숨바꼭질

2012년 8월 14일 새벽 여의도 하늘. 금성이 그믐달 뒤로 숨었다가 다시 나타났다. 달이 금성을 가리는 '금성 엄폐'는 매우 희귀한 천문 현상이다. 관측할 수 있는 지역이 넓지 않고 낮에 일어나는 경우도 있어 관측이 쉽지 않다. 9년이 지나 2021년 11월 8일 한낮에 발생했고, 그다음은 2036년 9월 17일로 이때도 한낮이다.

사진에서 까만 새벽하늘을 붉은색으로 바꾸면, 터키 국민들이 '달과 별'이라고 부르는 월성기가 그려진다. 터키 국기에 달과 별이 그려진데는 여러 가지 유래가 있다. 그중 하나가 오스만 제국의 통치자 무라트 1세가 1389년 코소보 전장*에 나타난 신비로운 달과 별을 깃발에 그렸다는 설이다. 그 옛날 피로 붉게 물든 코소보 들판 위로 떠오른 달과 별이 이런 모습이지 않았을까? 그때 달 곁에서 상서로이 빛나던 별은 금성이었을 것이다.

* 코소보 전투에서 세르비아에 승리한 오스만 제국은 이후 400년간 발칸반도를 지배했다.

KIM DONGHOON

화양연화(花樣年華)

우리 은하에서 볼 수 있는 가장 밝은 별 가운데 하나인 용골자리 (Carina)의 AG별이다. 태양보다 질량은 70배 무겁고 밝기는 무려 100만 배 더 밝다. 별은 크기가 클수록 일찍 생을 마감한다. AG별의 수명은 몇백만 년에 불과하다.

지금은 큰 덩치를 못 이기고 팽창과 수축을 반복하고 있다. 별을 빙 둘러싸고 있는 것은 팽창하고 있는 가스와 먼지로, 약 만 년 전에 분출된 물질이다. 먼지 껍질의 폭은 5만 광년에 이른다. 이 별은 언젠가는 초신성 폭발을 일으키며 가장 밝게 빛난 후에 생을 마감할 것이다.

123

 th night

햄버거 은하

남반구 하늘에서 잘 보이는 천체인 센타우루스자리(Centaurus) A 은하다. 'NGC 5128'로도 불리는 이 은하는 우리 은하에서 1400만 광년 떨어진 곳에 있다. 아마추어가 사용하는 망원경으로 쉽게 볼 수 있어 별지기 사이에서 유명하다.

은하 중앙을 가로지르는 먼지 띠가 인상적이다. 사진은 칠레 라 실라(La Silla) 천문대의 지름 2.2m 망원경으로 촬영한 것이다. 노출 시간이 무려 50시간이 넘는다.

밤새 별 사이를 정신없이 여행하다 보면 허기가 불쑥 올라온다. 배고픈 관측자들의 눈에는 이 은하가 먹음직스러운 햄버거처럼 보였던지, '햄버거 은하'라는 별칭이 붙어 있다.

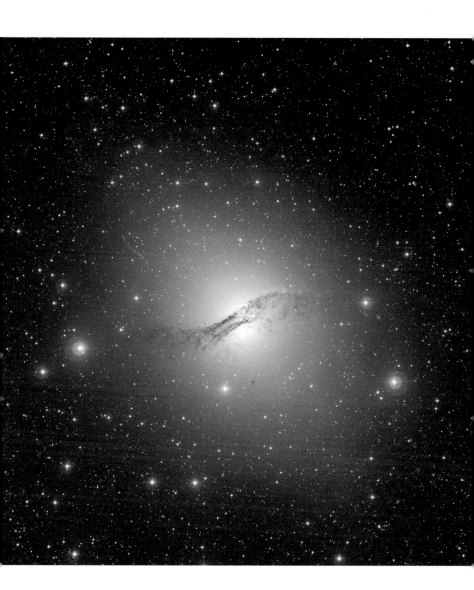

화성 코끼리

화성 정찰 위성이 화성 표면에서 커다란 코끼리 그림을 발견했다! 이 신기한 그림은 화성 적도 부근 엘리시움 평원에 있다. 주름진 긴 코, 작은 눈, 살짝 벌어진 입까지 코끼리의 옆 모습을 똑 닮았다.

외계인이 그린 걸까? 코끼리를 어쩜 이렇게 똑같이 그릴 수 있지? 지구에 와서 코끼리를 보고 간 걸까?

지구인들이 헛된 것에 상상력을 낭비할까 염려한 과학자들이 밝히길, 평원에 흘러내린 용암이 굳으면서 우연히 만들어진 지형이라고 한다.

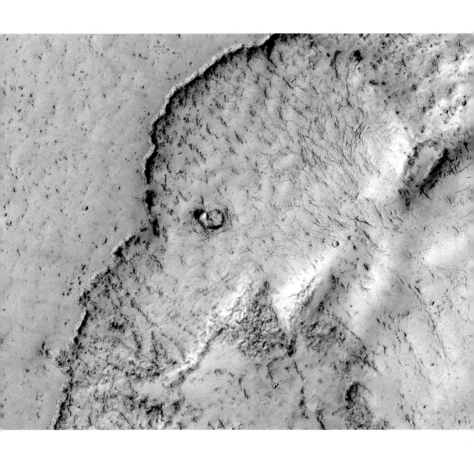

외계 행성을 여행하는 법

하늘을 바라보며 가장 기괴한 느낌이 드는 순간은 부분일식 중에 있는 태양이 뜨거나 질 때다. 태양은 지금껏 우리가 보아왔던 것과는 다른 생경한 모습이다. 그래서 낯선 태양이 뜨고 지는 이곳이 외계 행성 같다는 착각에 빠지게 된다. 특히 바다에서 떠오르거나 지는 태양을 볼 때 이러한 느낌이 극대화된다.

만약 일식 예보를 접했는데 수평선 근처에서 일식을 관측할 수 있다고 한다면 반드시 바다로 달려가자. 아주 짧은 순간이지만, 어느 외계 행성을 여행할 수 있을 테니까.

세상을 혼란에 빠트린 별의 죽음

지금까지 기록으로 남은 가장 밝게 빛났다가 사라진 초신성 SN 1006의 흔적이다. SN은 초신성을 가리키는 영어 'Super Nova'의 첫 글자를 모은 것이다. 1006년에 폭발했던 초신성은 금성보다 무려 여섯 배나 밝아 대낮에도 볼 수 있을 정도였다고 한다. 얼마나 밝았는지 밤인데도 그림자가 생겼다고 전해진다.

밤하늘에 별안간 나타났다 몇 달 후 사라진 이 천체를 동서양 모두 관찰하고 기록했다. 우주의 과학적 원리를 몰랐던 시대라 예언이 난무하고 정치적 해석으로 세상은 매우 혼란스러웠다. 하지만 지구인들과는 아무런 상관없는 그저 별의 죽음에 불과한 사건이었다.

X-ray: NASA/CXC/Middlebury College/F.Winkler; Optical: DSS

24시간 별이 지지 않는 천문대

한국천문연구원이 지구와 비슷한 질량의 행성을 발견했다. 이 외계 행성에 붙인 이름은 'OGLE-2016-BLG-1195Lb'. 한국천문연구원의 외계 행성탐색시스템(KMTNet)과 NASA의 스피처 우주망원경이 함께 관측해 발견했다.

이 외계 행성은 우리와 같은 은하계 내에 있지만, 지구에서 약 1만 3000광년이나 떨어진 곳에 있다. 지구 질량의 1.43배이고 중심별과의 거리가 지구-태양 거리의 1.16배 정도로 지구와 비슷하다. 하지만 중심별의 질량이 태양의 약 8%밖에 되지 않을 정도로 무척 작다. 그래서 명왕성보다 온도가 더 낮은 얼음 행성일 가능성이 높다.

KMTNet은 제2의 지구를 찾기 위해 2015년부터 칠레, 남아프리카공화국, 호주 세 곳에 광시야망원경을 두고 있다. 3.4억 화소의 카메라가 달린 세 대의 망원경은 같은 경도에 위치한 관측소에 설치되어 있기 때문에 24시간 내내 우리 은하 중심부를 관측한다. 모든 관측 자료는 네트워크를 이용해 한국천문연구원 데이터센터로 전송된다.

세 대의 망원경이 온종일 쉼 없이 관측하는 만큼, 천문학자들이 하루에 지켜봐야 하는 자료의 양도 엄청나다. 현대의 천문학자는 천문대가 아닌 종일 연구실에 앉아 방대한 관측데이터와 씨름해 외계 행성을 찾는다.

한국천문연구원의 KMTNet

행성이 탄생하는 순간

이 사진은 별 주위에 있는 가스와 먼지로 된 원반에서 행성이 만들어지고 있는 장면을 포착한 것이다. 중앙에 검은 동그라미가 'PDS 70'이라는 이름의 별이다. PDS 70 오른쪽 아래 밝은 동그라미가 새로 태어나는 원시 행성이다. 이 행성의 이름은 'PDS 70b'다. 실제로는 PDS 70이 더 밝지만, 관측을 위해 별빛을 차단해 상대적으로 어두운 원반층과 행성이 잘 드러나게 했다.

PDS 70b는 500만 년 동안 목성 질량의 5배까지 커졌으며, 현재는 행성 형성 단계 막바지에 이른 듯하다. 별 PDS 70을 한 바퀴 도는 데는 120년이 걸린다. PDS 70(별)과 PDS 70b(행성)는 약 32억km 떨어져 있는데, 이는 태양에서 천왕성까지의 거리다.

상황을 알고 다시 사진을 보면, 왠지 태아를 찍은 초음파 사진 같다. PDS 70b, 우주의 일원이 된 걸 환영한다.

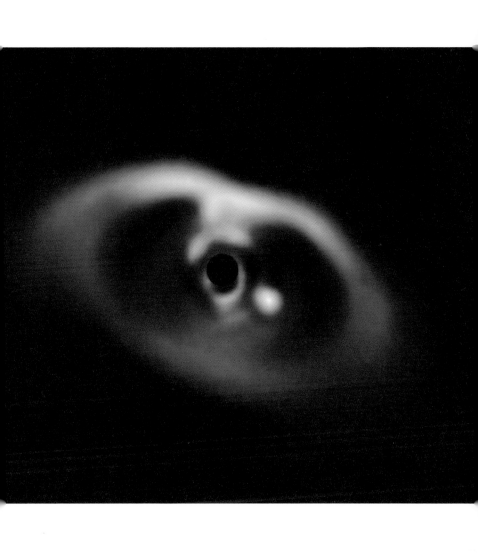

ESO, VLT, André B. Müller(ESO)

우리가 잃어버린 것들

몽골 여행 도중 해발 3000m에 자리 잡은 숙소에서 하룻밤을 보내게 되었다. 광막한 초원에 섬처럼 자리한 게르 캠프 주변은 인공 불빛이라 곤 찾아볼 수 없었다. 문명사회와 고립된 곳에서 마주한 은하수는 태곳 적 원시인이 바라본 우주를 떠올리게 했다.

낮이 땅의 세상이라면, 밤은 하늘의 세상이다. 먼 옛날 우리는 밝아오 는 새벽빛에 별빛이 바래어 보이지 않게 될 때까지 별과 이야기 나누었 을 것이다. 지금 우리는 밤새 이야기 나눌 별을 잃어버려 이렇게 방황 하고 있는지도 모르겠다.

악마의 눈을 보았는가?

책을 반시계방향으로 90도 돌려보자. 검은색 먼지 띠는 짙은 속눈썹, 은하 중심은 동공처럼 보인다. 눈빛이 서늘함을 넘어 오싹하다.

사진은 '검은 눈(Black Eye)' 또는 '악마의 눈(Evil Eye)'이라는 섬뜩한 별칭이 붙어 있는 바람개비 모양의 나선은하 M64다. 봄철 별자리인 머리털자리(Coma Berenices) 방향에 있으며 지구에서 1700만 광년 거리에 있다. 검은 눈 은하는 작은 망원경으로도 쉽게 관찰할 수 있다.

검은 눈 은하의 또 다른 특이점은 은하 안쪽과 바깥쪽 가스가 서로 반대방향으로 회전하고 있다는 것이다. 보통 은하는 안쪽과 바깥쪽의 회전방향이 같다. 반대방향으로 회전하는 가스가 충돌하는 은하 경계 지대에서는 새로운 별이 많이 태어나고 있다. 약 10억 년 전에 검은 눈 은하와 충돌한 다른 은하가 반대방향으로 회전하는 가스 구름을 만들어 냈다.

ESA/Hubble & NASA, J. Lee and the PHANGS-HST Team

하늘을 품은 강

問余何事棲碧山
묻노니, 왜 푸른 산에 사는가?

笑而不答心自閑
웃으며 답하지 않지만 마음은 저절로 한가롭네.

桃花流水杳然去
복숭아꽃 물 따라 아득히 흘러가니,

別有天地非人間
이곳이 인간 세계가 아닌 별천지라네.

— 이백, 〈산중문답〉

사진은 몽골에서 알타이 사막으로 이동하던 중 밤을 지새웠던 강가다. 시선이 닿을 때마다 황홀경을 선사하던 몽골의 밤하늘이 수면에 고스란히 투영되었다. 하늘에 떠오른 별과 수면에 비친 별, 어느 것이 진짜 별인지 분간하기 어려울 지경이었다. 내게는 이곳이 인간 세계가 아닌 별천지였다.

KIM DONGHOON

별세계로 열린 문

별세계로 가는 가장 가까운 통로가 있다면, 그곳은 어디에 있을까? 아마 마천루 꼭대기에 올라가도 희미해진 별빛 때문에 별에 다가갔다는 느낌은 들지 않을 것이다. 도시에서 최대한 멀리 떨어진 어둠에 묻힌 곳을 찾아간다면 별과 좀 더 가까워졌다고 느낄 수도 있다. 별을 만나려면 일상의 공간을 벗어나야만 하는 걸까?

우리의 마음이 별에게 향한다면 언제 어디에서든 별세계로 가는 문이 열릴 것이다. 어쩌면 마음속 가장 어두운 곳에서 가장 찬란한 별을 발견할 수 있을지 모른다.

 th night

집으로 돌아갈 시간

하루의 운행을 마치고 저무는 태양과 운행의 종착점인 공항에 착륙하기 위해 랜딩기어를 내린 비행기가 동시에 잡혔다.

기막힌 우연으로 두 피사체를 한 프레임에 담은 게 아니다. 내 시간이 턱없이 부족한 직장인은 천운을 기다릴 여유가 없다. 그러니 우연처럼 보이는 필연을 기획하는 수밖에……. 사진은 비행기가 지나가는 길과 해가 지는 길이 교차하는 지점을 예측했다가 때를 기다려 포착한 것이다. 비행기가 분출한 제트가 태양의 왼쪽 가장자리로 뿜어져 나가며, 사진이 합성이 아니라는 걸 증명하고 있다.

어느덧 하루해가 저문다. 돌아갈 시간이다.

149

숨 막히도록 빽빽한

지구에서 별이 가장 잘 보이는 곳 중 하나인 칠레 아타카마 사막에서 촬영된 은하수 중심 부근이다. 연간 강수량이 1~3mm에 불과한 아타카마 사막은 지구 상에서 가장 메마른 곳이다. 흐린 날이 거의 없고 인공 불빛 한 점 스며들지 않는 아타카마 사막은 밤이 되면 쏟아질 듯 많은 별이 찾아온다.

은하수는 왼쪽 위 궁수자리(Sagittarius)에서 내려와 아래쪽 전갈자리 (Scorpius)로 지나간다. 은하수에는 별이 빽빽하게 모여 있기도 하지만, 별이 없는 검은 지역도 많다. 정확히 말하면 별이 없는 게 아니라 먼지 띠가 별빛을 가린 것이다.

은하수 사이사이에 붉은색으로 보이는 건 성운이다. 오른쪽 노란색 성 운 속 밝은 별은 전갈자리의 심장 안타레스(Antares)다. 뉴질랜드 마오 리족은 안타레스를 레후아(Rēhua)로 부르며, 별들의 지도자로 생각했 다. 레후아는 마오리족 신화에서 죽은 자를 부활시키고 모든 질병을 고 치는 힘을 지닌 신성한 신이다.

ESO/S. Guisard

신부에게

여름 별자리인 백조자리(Cygnus)에 있는 베일 성운이다. 화려한 빛깔의 가스 구름이 신부의 면사포처럼 펼쳐져 있어 붙여진 이름이다.

허블우주망원경은 지름이 110광년에 달하는 베일 성운의 일부를 촬영했다. 사진에 담긴 것은 2광년 정도의 영역이다. 베일 성운은 약 1만 년 전에 폭발해 생을 마감한 별의 잔해다. 태양 질량의 20배에 달하는 별이 생의 막바지에 폭발하면서 순간적으로 엄청난 에너지를 방출했다. 이때 생긴 충격파가 우주 공간으로 퍼지면서 이온화된 수소는 붉은색으로 산소는 파란색으로 빛난다.

베일 성운을 보고 있자니, 한 천문학자가 아내에게 바친 헌사가 떠오른다.

"앤 드루얀에게 바친다.
 광막한 공간과 영겁의 시간 속에서
 행성 하나와 찰나의 순간을
 앤과 공유할 수 있었음은 나에게는 커다란 기쁨이었다."

— 칼 세이건, 『코스모스』 중에서

153

감춤수록 선명해지는

별이 촘촘히 모인 은하수에 갑자기 별이 없는 텅 빈 공간이 나타났다. 실제로 별이 없는 것이 아니라 성간 먼지가 별빛을 가려 검게 보이는 것이다.

보이지 않는 성간 먼지가 보이는 별빛을 가려서 자신의 존재를 드러낸다. 바너드 59(Barnard 59)라는 암흑성운으로 뱀주인자리(Ophiuchus)에 있다.

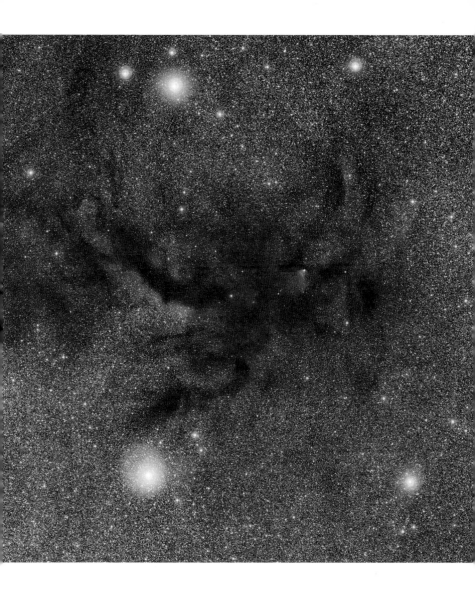

밤하늘을 가른 빛줄기

칠레 안데스 산맥 해발 5000m에 위치한 ALMA 천문대 접시 안테나 위로 밝은 물체가 쏜살같이 떨어지고 있다. 낙하하는 물체의 정체는 '화구(火球)'다.

우주 공간을 떠돌던 먼지 알갱이가 지구 중력에 이끌려 대기권으로 들어오면 대기와 마찰하며 불탄다. 불타는 먼지 알갱이가 하늘에 그리는 아름다운 빛줄기가 별똥별, 즉 유성이다. 유성 가운데서도 굉장히 밝은 것을 화구라고 한다. 화구가 떨어지면 깜깜했던 땅이 환해진다.

사진의 화구는 에메랄드그린, 황금색, 희미한 진홍색 등 다양한 색을 뿜어내며 하늘을 갈랐다. 이런 화려한 색 때문에 종종 화구를 UFO로 착각하는 경우도 있다.

별빛이 일렁이는 호수

여름 별자리인 궁수자리(Sagittarius)에는 성운 중에서 스타급에 속하는 성운이 있다. 바로 석호(潟湖, Lagoon) 성운이다. 석호는 모래가 바닷물을 가둬 만든 호수다. 여행 가이드북 등에서 흔히 볼 수 있는 에메랄드빛 바다 한가운데 섬처럼 떠 있는 호수를 떠올리면 된다. 석호 성운 주변의 암흑 띠가 마치 바닷물을 감싼 모래 띠처럼 보인다고 해서 붙여진 이름이다.

석호 성운은 보름달보다 8배 정도 크기 때문에 쌍안경으로도 쉽게 볼 수 있다. 다만 쌍안경으로 보면 사진과 달리 부연 구름, 이마저도 흑백으로 보인다. 우주에서 들어오는 빛은 매우 흐려서 우리 눈으로는 희미한 색을 인식할 수 없기 때문이다.

달달 무슨 달?

달은 한 달을 기준으로 모양이 바뀌는데, 모양에 따라 부르는 이름이 있다. 많은 사람이 모양에 따라 달라지는 달의 이름을 헷갈려 한다. 반달은 상현달인지 하현달인지, 눈썹 같은 달은 초승달인지 그믐달인지 잘 구분하지 못한다.

오른쪽이 둥근 반달은 상현달, 왼쪽이 둥근 반달은 하현달이다. 가느다란 눈썹 모양으로 오른쪽이 둥근 달은 초승달, 왼쪽이 둥근 달은 그믐달이다.

그럼 여기 나무 위 떠오른 달은 왼쪽이 둥그니 그믐달이겠구나. 아니다! 이 달은 초승달이다. 남반구에서 본 모습이라 북반구와는 반대로 생각해야 한다.

손바닥 뒤집듯 바뀐 달 모양을 보고 있으면 둥근 지구를 타고 아래로 내려와 있다는 게 실감이 난다.

KIM DONGHOON

2013년 5월 26일 저녁 하늘

서쪽 하늘에서 밝은 별 세 개가 완전히 사그라지지 않은 태양 빛을 뚫고 빛나고 있다. 세 별은 특이하게도 모두 행성이다. 맨 위쪽이 목성, 왼쪽 아래 가장 밝은 것이 금성이다. 오른쪽 아래에 있는 것은 수성이다. 행성의 정렬은 몇 년에 한 번 볼 수 있는 진귀한 현상으로, 이것은 2013년 5월 26일 저녁 풍경이다.

Y. Beletsky(LCO)/ESO

춤추는 코브라

지구의 푸른 대기 위로 꼬불꼬불 올라오다 불꽃처럼 번진 이것은 러시아 소유스(Soyuz) 우주선의 궤적이다. 국제우주정거장에 우주비행사를 보내기 위해 카자흐스탄에서 소유스호를 발사했는데, 마침 국제우주정거장에 있던 우주인이 이 장면을 포착했다.

흰색 궤적은 로켓에서 나온 배기가스가 만든 것이다. 배기가스에 포함된 수증기가 높은 고도에서 찬 공기를 만나 물로 응축되며 생성된 비행운이다. 비행운은 보통 대기 온도 영하 38도 이하, 고도 8km 이상, 비행체가 시속 300km 이상의 속도로 비행할 때 발생한다. 하늘이 건조하면 비행운이 금방 사라지고, 습도가 높으면 비행운을 좀 더 오래 볼 수 있다.

달의 유령

녹색 섬광은 해넘이나 해돋이 때 태양의 윗부분이 초록색으로 보이는 광학 현상이다. 대기가 매우 안정적인 상태에서만 아주 짧은 시간 동안 유령처럼 나타났다가 금세 사라지기 때문에 관측하기 쉽지 않다.

녹색 섬광이 달에서도 관측됐다. 아침이 되어 보름달이 서쪽으로 질 때 포착된 것으로, 달에서 발생하는 녹색 섬광은 특히 보기 힘들다.

소설가 쥘 베른(Jules Verne)의 『녹색 광선』에는 다음과 같은 문장이 있다. "녹색 섬광을 발견한 사람은 자신의 마음은 물론 다른 사람들의 마음을 정확하게 읽을 수 있게 된다." 녹색 섬광을 두 눈에 더 오래 담아둘 이유가 생겼다.

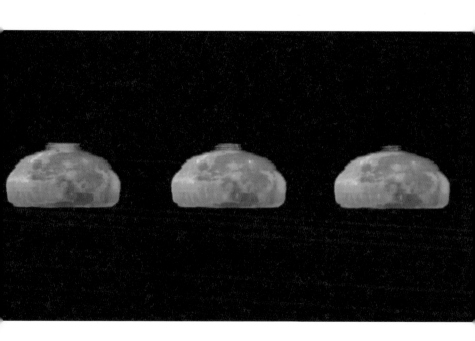

밤하늘에 쓱싹

길쭉한 형태 때문에 연필 성운으로 불리는 NGC 2736이다. 무려 5광년 길이의 아주 긴 연필이다.

1835년 3월 1일 영국 천문학자 존 허셜(John Herschel)이 남아프리카공화국 희망봉 천체관측소에서 발견했다.

연필 성운은 약 1만 1000년 전에 초신성이 폭발하며 남긴 잔해다. 초신성이 폭발하면서 별을 구성하던 물질이 시속 64만 4000km라는 빠른 속도로 우주 공간으로 퍼져 나갔다. 가스가 밀집된 지역에 도달한 잔해는 충격파를 만들기도 하며 지금의 모양을 형성했다.

ESO

삼색 별 구름 전람회

세 종류 성운을 한꺼번에 볼 수 있는 이곳은 NGC 6559이다. 지구에서 궁수자리(Sagittarius) 방향으로 약 5500광년 떨어져 있다. 중앙에 붉은색 성운은 수소 가스가 주변 별빛을 받아 스스로 빛나는 것으로 발광성운이다. 오른쪽의 파란색 성운은 작은 먼지 입자가 주변에서 나오는 별빛을 반사한 것으로, 반사성운이다. 반사성운은 거울처럼 주변에 있는 별을 비춘다. 왼쪽 아래에 검은색으로 굽이치는 것은 짙은 성간 먼지가 다른 별빛이나 성운을 가로막아 모습을 드러내는 암흑성운이다.

오직 별만 보이는 곳을 찾아서

세상에서 가장 어두운 곳에서는 별이 어떻게 보일까? 내가 발 딛고 선 땅을 까맣게 잊고 여기가 우주 한가운데라고 믿을 만큼 어둡고 고요하지 않을까? 그런 밤하늘을 찾아 호주로 떠났다.

설렘을 가득 안고 맞이한 밤은 기대와 달랐다. 옆 사람의 모습이 훤하게 보였다. 멀리까지 온 보람이 없다고 실망하는 순간, 그 사람을 비추는 모든 빛이 오로지 별에서만 쏟아져 내렸다는 걸 알아챘다. 그날 밤 우리는 밤새 별빛을 흠뻑 맞았다.

당신의 눈동자에 건배를!

칠레의 라 실라 천문대에서 해가 지자 별들의 공연이 펼쳐졌다. 이 날 공연의 주인공은 초록빛 긴 꼬리를 가진 러브조이(Lovejoy) 혜성이다. 2015년 1월 7일 지구에 700만km까지 접근했던 러브조이 혜성은 8000년 후에 다시 지구를 방문할 것이다.

러브조이 혜성이 분출한 가스를 분석한 과학자들은 흥미로운 결과를 발표했다. 러브조이 혜성이 가장 활동적일 때 1초에 와인 500병 분량의 에틸알코올을 뿜어낸다는 것이다. 또한 가스에는 당분 등 생명체 생성에 꼭 필요한 유기물도 다량 섞여 있었다고 한다. 이는 혜성이 지구에 '생명의 씨앗'을 전해줬다는 과학자들의 주장에 힘을 실어주는 결과다.

혜성의 오른쪽 위로 별이 오밀조밀하게 모여 있는 푸른색 플레이아데스 성단이 있고, 그 오른쪽 약간 아래에 붉은빛 캘리포니아 성운이 있다. 러브조이 혜성 왼쪽으로 갑자기 밝은 유성 하나가 떨어졌다. 게스트의 등장으로 공연은 절정에 이르렀다.

P. Horálek/ESO

오리온의 배꼽

사진 속 화려한 성운은 사냥꾼 오리온(Orion)의 배꼽이다. 찌그러진 H자 모양의 오리온자리에서 허리띠 아래에 오리온 대성운이 있다. 배꼽이라고 얕볼 수 없는 게, 오리온 대성운의 크기는 무려 25광년이다. 오리온 대성운은 우리와 가장 가까이에 있는 거대한 별들의 요람이다. 성운 속 물질이 별을 만드는 재료가 되어, 수많은 아기별이 이곳에서 태어난다.

오리온 대성운에서 태어난 별 가운데 가장 유명한 별 넷이 성운 중앙에서 반짝인다. 야구장 또는 사다리꼴 모양으로 늘어선 이 별 무리를 '트라페지움(Trapezium)'이라고 부른다.

NASA, ESA, Massimo Robberto(STScI, ESA), Hubble Space Telescope Orion Treasury Project Team

야광운이 빛나는 저녁

위도 50~65도 극지방에서는 여름이 되면 해가 지거나 뜨기 전 한두 시간 동안 특이한 모양의 구름이 나타날 때가 있다. 사진 속 물결 모양으로 반짝이는 야광운 같은 구름 말이다.

야광운은 보통 구름과 달리 아주 높은 곳에 떠 있다. 일반적인 구름은 지상 10km 이내 대류권에서 발생한다. 야광운은 이보다 훨씬 높은 약 76~85km 높이의 중간권에서 만들어진다.

사진에는 2020년 7월 지구에 근접한 니오와이즈 혜성도 함께 포착되었다.

179

시간의 역사를 거슬러

지금까지 인류가 본 것 가운데 가장 깊은 우주의 모습을 보여주는 사진이다. 'XDF(eXtreme Deep Field)'라고 불리는 이 사진은 화로자리(Fornax)에 있는 아주 작은 영역이다. 허블우주망원경은 10년간 이곳을 50일 관찰해 총 노출 200만 초(약 556시간) 동안 촬영했다. 사진에는 약 5500개의 은하가 촬영되었는데, 우리 눈으로 볼 수 있는 것보다 밝기가 100억 분의 1에 불과한 어두운 은하까지 담겨 있다.

우주의 나이를 137억 년으로 추정하고 있으니, 지금으로부터 132억 년 전 은하 모습까지 포착한 이 사진은 우리가 경험할 수 있는 가장 먼 과거를 보여주는 일종의 타임머신이다. 단 한 장의 사진에 100억 년의 기억이 응축되어 있다.

Hubble eXtreme Deep Field(HXDF)

눈부신 결실

가까이 있던 두 은하가 떨어지지 못하고 서로에게 끌려 마침내 하나가 되기 시작했다. 약 9억 년 전에 시작된 이 만남은 현재진행형이다. 격변의 과정을 겪으며, 두 은하는 새로운 별을 폭발적으로 만들어낸다. 파란색으로 빛나는 지역이 아기별들이 태어나는 '별들의 요람'이다. 두 은하는 하트 모양으로 합쳐지며 전 우주에 사랑을 공표한다.

유령 은하

검은 우주 공간에 보일 듯 말 듯 희미한 물체가 있다. 자세히 보아야 어렴풋하게 드러나는 이 물체의 정체는 은하다. 뚜렷한 중심핵과 나선팔이 있는 나선은하도 아니고, 그렇다고 둥근 모양의 타원은하도 아니다. 크기는 우리 은하 정도인데, 우리 은하에 있는 별의 200분의 1 정도에 불과한 적은 별들이 흩어져 있다. 심지어 은하 뒤쪽에 있는 다른 은하가 비쳐서 보인다. 별들이 이렇게 느슨하게 분포된 이유는 별과 별을 묶어주는 암흑물질이 우리 은하의 400분의 1에 불과하기 때문이다.

0.9초의 찬스

시속 2만 7744km로 움직이는 국제우주정거장은 하루에 지구를 15바퀴 반씩 돌고 있다. 그러다 보면 달, 태양, 행성과 만나기도 한다.

서울 용산에 있는 천문대에서 달을 아슬하게 스쳐 가는 국제우주정거장을 포착했다. 달의 남극 부근에서 방사형으로 뻗어 나가는 빛줄기(광조) 아래 있는 H 모양의 검은 물체가 국제우주정거장이다. 국제우주정거장이 달을 스쳐 간 속도는 0.9초!

로마신화에서 '기회의 여신' 오카시오는 앞머리는 숱이 많고 긴데 뒤통수는 대머리다. 오카시오의 앞머리가 긴 까닭은 다가오는 기회를 쉽게 잡으라는 배려이고, 뒤통수가 대머리인 이유는 기회를 한 번 놓치면 다시 잡을 수 없게 하려는 것이라고 한다. 이날 셔터를 1초만 늦게 또는 빨리 눌렀어도 찰나의 스침을 촬영할 수 없었을 것이다. 오카시오의 머리채를 꽉 움켜쥔 운수 좋은 날이었다.

KIM DONGHOON

블랙 마블

우주에서 촬영한 지구 모습은 대개 생명력 넘치는 푸른색이다. 이런 모습의 지구를 푸른색 유리구슬 같다고 해서 '블루 마블(Blue Marble)'이라고 부른다. 블루 마블 사진은 1972년 세상에 처음 공개되었다. 환경에 대한 각성의 목소리가 커지던 시대적 분위기와 맞물려서 블루 마블 사진은 사람들이 환경 문제에 눈 뜨는 계기가 되었다.

2012년에 '블랙 마블(Black Marble)'이라는 새로운 분위기의 지구 이미지가 추가되었다. 지구의 밤을 촬영한 사진으로, 낮과는 또 다른 아름다운 지구를 보여준다. 황금색으로 반짝이는 것은 인간이 만든 인공조명 불빛들이다. 주로 대도시에 몰려있다. 블랙 마블 사진에서 황금색 불빛을 자세히 관찰하면 에너지 사용 및 나아가 기후 변화와 연관된 데이터를 추적할 수도 있다.

푸른빛이든 검은빛이든 끝 모를 캄캄한 우주에서 홀로 반짝이는 지구는 분명 아름답지만, 한없이 연약해 보인다.

189

너의 이름은?

붉은 보름달이 뜰 때가 있다. 바로 개기월식 때 달이다. 보름달이 지구 그림자에 가려지는 것이 월식이다. 달이 지구 그림자 속으로 완전히 들어가면 붉게 변한다. 그림자 속으로 들어가는 것이니 컴컴해져야겠지만, 지구 대기에 굴절된 태양 빛이 달을 붉게 비춘다.

보름달은 빛깔, 크기 등에 따라 부르는 이름이 다르다. 개기월식 때 붉게 물든 보름달은 '블러드 문(Blood Moon)'이라고 부른다. 사진은 2021년 5월 26일 개기월식 때 달이다. 5월에 뜬 보름달은 '플라워 문(Flower Moon)'이라고 한다. 이날은 달이 평소보다 지구와 더 가까이에 있어 '슈퍼 문(Super Moon)'이 되었을 때다. 그래서 이날의 달은 '슈퍼 플라워 블러드 문'이라는 다소 긴 이름으로 불렸다.

NASA's Scientific Visualization Studio

은하 정원

우주는 별들로 가득한 것 같지만 깊이 들여다볼수록 별들은 온데간데 없고 은하가 시야를 가득 메운다. 은하들은 모양이 서로 다르고 크기도 제각각이다. 사진에 보이는 은하만도 수천 개다. 회오리 모양, 둥근 모양, 위아래가 볼록한 렌즈 모양, 막대 모양, 옆으로 돌아누운 모양……. 사진은 'ACO S 295'라는 은하단으로 지구에서 빛의 속도로 무려 35억 년을 날아가야 볼 수 있는 은하 정원이다.

Lucy In The Sky With Diamonds

다이아몬드는 지구에만 있지 않다. 청색으로 아름답게 빛나는 커다란 다이아몬드를 만든 건 성운이다. 목걸이 성운이라고도 한다. 이 성운은 중앙에 아주 가깝게 붙어서 돌고 있는 두 개의 별이 만들었다. 약 1만 년 전에 하나의 별이 늙고 커지면서 이웃 별을 삼켰다. 이때 두 별은 자기 안에 있는 물질들을 우주 공간으로 뿌렸는데, 방출된 물질이 4.4광년 크기의 다이아몬드가 되었다. 우주는 보물찾기하기에 최고로 좋은 장소다.

 ESA/Hubble & NASA, K. Noll

우주의 신기루

암흑을 뚫고 반짝이는 십자가 모양의 이 빛은 태초의 빛은 아니다. 다섯 개의 빛은 모두 별이 아닌 은하다. 그런데 다섯 개가 아니라 두 개의 은하가 이런 모양의 빛을 만들었다.

십자가 중앙에 은하가 하나 있고, 이것을 둘러싼 네 개의 점이 또 다른 은하다. 뒤쪽 은하는 중앙에 있는 은하 뒤로 약 110억 광년 거리에 있다. 중앙 은하의 강한 중력에 의해 뒤쪽 은하의 빛이 휘어져 네 갈래로 갈라져 보이는 것이다. 중력은 빛을 빚는 우주의 마술사다.

이런 우주 신기루는 강한 중력이 마치 렌즈처럼 그 주위를 지나는 빛을 휘게 한다고 주장한 아인슈타인의 이름을 따 '아인슈타인 십자가'라고 부른다.

40억 년 전 데자뷔

우리는 오랫동안 상상 속에서만 가능했던 행성이 탄생하는 장면을 실제로 볼 수 있는 시대를 살고 있다. 40억 년 전에 우리 태양계가 만들어질 때와 똑같은 장면을 다른 별에서 포착했다.

황소자리(Taurus)의 'HL'이라는 100년도 안 된 젊은 별 주위에서 행성이 생성되는 원반이 발견되었다. 별을 만들고 남은 재료들이 원반 모양으로 흩어져 있다. 원반을 두르고 있는 어두운 줄무늬는 행성이 만들어질 수 있는 자리다.

우주 곳곳을 탐험하다 보면, 지나온 역사의 모든 순간을 마주칠 수 있다.

우주 나비

우연일 뿐이지만, 성운은 다양한 형태로 우주 여행자를 즐겁게 한다. 여기 날개를 활짝 펼친 한 마리 나비는 가스 거품이 만든 것이다. 안쪽에 파란색으로 빛나는 것은 산소 가스, 바깥쪽에 붉은색으로 빛나는 것은 수소 가스다. 이 가스는 성운 중앙에 있는 별이 수명을 다하며 방출한 것이다. 대개 가스는 둥글게 퍼져나간다. 그런데 중심 별 옆의 다른 별이 조연으로 나서며 가스 흐름을 방해하는 바람에, 나비 모양의 독특한 성운이 되었다.

ESO

서른 살 사진가의 작품

사진은 지구에서 볼 수 있는 가장 선명한 모습의 토성이다. 레코드판을 닮은 고리와 빗자루로 쓸어내린 것처럼 한 방향으로 부드럽게 흐르는 무늬. 이 멋진 사진의 촬영자는 초속 7.59km 속도로 지구 주위를 돌고 있는 허블우주망원경이다. 마치 토성 근처에 직접 다가가서 찍은 것처럼 디테일이 살아있다. 무려 13억 5000만km 떨어진 물체를 촬영했다고는 믿기지 않는다.

1990년부터 관측 활동을 시작한 허블우주망원경은 설계 수명 15년을 훌쩍 넘기고 30년 넘게 '지구의 눈'으로 활동하고 있다. 눈으로 보이는 토성은 달 크기의 100분의 1에 불과하다. 하지만 허블우주망원경이 응시하면 숨을 곳이 없다.

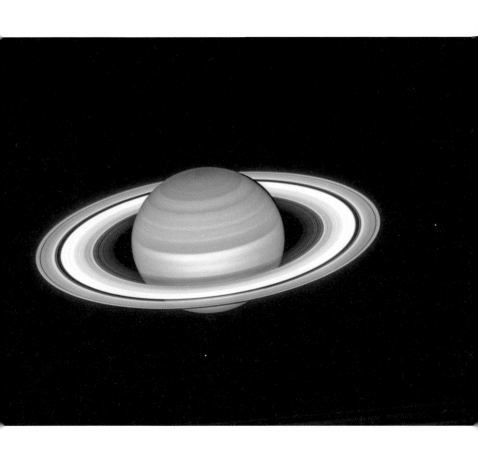

203

NASA, ESA, A. Simon(Goddard Space Flight Center),
M.H. Wong(University of California, Berkeley), and the OPAL Team

달이 뜬 우주의 밤

별이 쏟아지는 밤하늘을 만나려면 몇 가지 조건이 충족되어야 한다. 하늘이 구름 없이 맑아야 하며, 어둠을 몰아내는 도심의 인공 불빛으로부터 최대한 멀리 달아나야 한다. 마지막으로 달이 밝지 않은 밤이라야 한다. 달빛이 밝으면 별빛이 묻혀 별이 잘 보이지 않는다.

그러나 국제우주정거장에서라면 달빛은 별 관람의 걸림돌이 아니다. 사진 속 지구 너머로 가장 밝게 빛나는 천체가 달이다. 국제우주정거장에서 본 밤하늘에는 강한 달빛을 이겨낸 별빛도 함께 빛난다. 달 왼쪽에 오밀조밀 모여 있는 별빛은 플레이아데스 성단이다. 달빛이 지구의 얇은 대기층에 은은하게 비치면서, 밤하늘이 더 그윽해졌다.

아물지 않는 상처

수성에는 태양계 최대 충돌 지형 가운데 하나가 있다. 바로 칼로리스 분지인데, 지름이 무려 1500km로 미국 알래스카 면적과 비슷하다.

38억~39억 년 전에 지름 약 100km의 소행성이 수성과 충돌했다. 이때 수성에 커다란 구덩이가 생기고 용암이 흘러나와 구덩이를 메웠다. 충격이 얼마나 컸던지 칼로리스 분지와 정확히 반대편도 툭 튀어나왔다고 한다.

알고 보면 사람뿐만 아니라 우주의 천체에도 아픔 없는 역사는 없다.

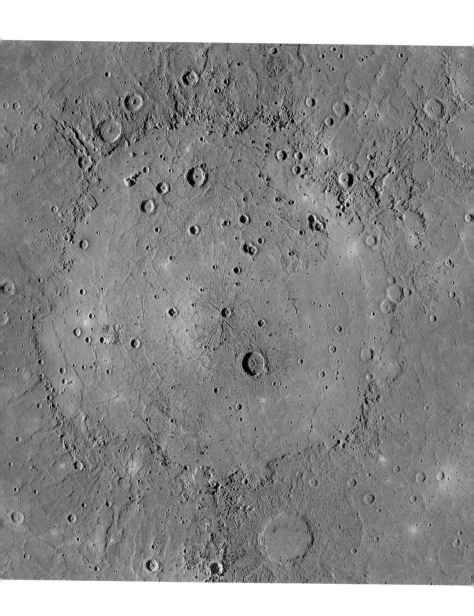

NASA/Johns Hopkins University Applied Physics Laboratory/Carnegie Institution of Washington

소행성의 밤

어느 동그란 소행성에 우주를 관측하는 천문대 여러 개가 옹기종기 설치되어 있다. 소행성 주위에는 별이 가득하다. 앉아 있던 의자를 몇 발자국 뒤로 물리면 하루에도 몇 번이고 해지는 풍경을 볼 수 있다던 어린 왕자의 작은 별 소행성 B612가 떠오른다.

사실 이곳은 소행성이 아니고 지구다. 주변의 모든 방향을 담는 촬영기법으로 구 형태의 지면을 만들었다. 지구에 반지처럼 붙어있는 것은 은하수다.

st night

중독의 시작

2008년 8월 몽골에서 일어난 개기일식이 내가 처음 관측한 개기일식
이다. 태양만 크게 확대해 찍어도 좋았겠지만, 이렇게 주변 풍경과 함
께 찍으니 당시 느낌이 더 생생하게 전달되는 것 같다.

태양이 빛을 숨긴 1분 30초에 불과한 짧은 시간 동안 나처럼 하늘을 카
메라에 담으려 분주한 사람, 주저앉아 감동의 눈물을 흘리는 사람, 화
장실에서 볼일을 보다가 함성에 부리나케 뛰어 나온 사람도 있었다.

"개기일식을 한 번도 본 적 없는 사람은 많지만, 딱 한 번만 본 사람은
드물다." 아마추어 천문가들 사이에서는 유명한 말이다. 이 말을 증명
이라도 하듯이 나는 이날 이후 오로지 개기일식만을 위해 세계 어디라
도 달려갔다.

먼지 가득한 은하계

처녀자리(Virgo)에 있는 나선 모양의 은하인 NGC 5037이다. 지구에서 무려 1억 5천만 광년 떨어진 이 은하는 1785년 독일 태생의 영국 천문학자 윌리엄 허셜(Friedrick William Herschel)이 처음으로 기록했다.

은하에는 별만 가득한 것이 아니라 별 사이에 '성간물질'이라고 하는 가스와 먼지들이 존재한다. 성간물질은 별이 죽으며 생성되는 한편, 새로운 별을 만들어내는 재료가 되기도 한다.

사진에는 은하 전체에 퍼져있는 가스와 먼지의 섬세한 구조가 자세히 보인다. 머릿속 생각의 티끌을 이렇게 자세히 볼 수 있게 된다면, 나는 떳떳할 것인가 부끄러워질 것인가.

On Top Of The World

사진 아래쪽에 있는 하얀 발은 우주비행사의 것이다. 그의 발 400km 아래 푸른 지구가 펼쳐져 있다. 10m 높이에서 내려다보아도 아찔한데, 400km 높이에서라니……. 이 정도 높이에서 발아래를 내려다보면 어떤 기분이 들까? 어쩌면 너무나 비현실적이라 아무것도 느껴지지 않을지 모른다.

사진은 국제우주정거장의 장비를 업그레이드하려고 우주정거장 밖으로 나온 비행사가 찍은 것이다. 그는 400km라는 비현실적인 높이에서 시속 2만 7600km라는 비현실적인 속도로 움직이고 있다.

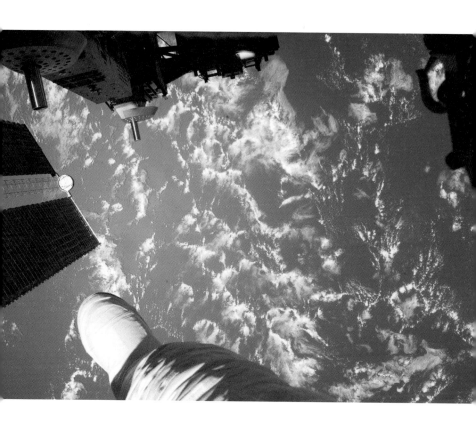

소용돌이치는 은하

봄철 별자리인 양자리(Aries)에 있는 은하 NGC 691의 모습이다. 무려 1억 2000만 광년 떨어진 은하를 허블우주망원경이 마치 바로 위에서 바라본 것처럼 선명하게 촬영했다.

은하핵이 어느 한쪽으로 치우치지 않고 중앙에 잘 자리를 잡고 있고 핵에서 뻗어나온 나선팔도 좌우대칭을 이루며 감겨 있다. 나선은하의 표본 같은 모습이다. 나선팔이 은하 중심에 가까워질수록 밀집되어 있어, 가만히 바라보고 있으면 은하의 거센 소용돌이에 빨려 들어가는 느낌이 든다.

뿜뿜의 우주적 스케일

중앙에 있는 타원은하가 좌우로 엄청난 규모의 제트를 우주 공간으로 방출하고 있다. 좌우 제트 길이를 합치면 무려 150만 광년에 이른다. 타원은하의 중심에는 초거대 질량의 블랙홀이 있는데, 우리 은하 중심에 있는 블랙홀보다 1000배나 더 크다. 이 초거대 질량의 블랙홀은 강한 중력으로 주변 물질을 빨아들인 후 거의 빛의 속도로 막대한 에너지를 토해내고 있다.

NASA, ESA, S. Baum and C. O'Dea(RIT), R. Perley and W. Cotton(NRAO/AUI/NSF),
and the Hubble Heritage Team(STScI/AURA)

세 연인의 질주

목성의 가장 큰 위성 넷에는 그리스신화에 나오는 제우스의 연인들 이름이 붙여졌다. 이오, 유로파, 가니메데, 칼리스토. 실제로 목성과 이들 위성은 간접적으로나마 여전히 밀회를 즐긴다. 바로 위성이 목성 표면에 자신의 그림자를 떨구면서다.

목성 표면에 동그란 위성 그림자가 생기는 것을 '영현상'이라고 한다. 그런데 네 연인이 앞다투어 한꺼번에 제우스의 몸에 자신의 징표를 남기기도 한다. 아주 드문 광경으로, 10년에 한두 번 정도 일어난다. 2015년 1월 24일에는 이오, 유로파, 칼리스토가 함께 통과하며 세 개의 그림자를 한꺼번에 만들었다. 그런데 네 명의 연인이 한꺼번에 구애하는 경우는 없다고 한다.

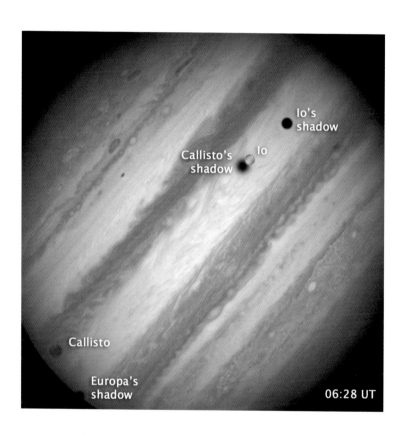

Io's
shadow

Callisto's
shadow

Io

Callisto

Europa's
shadow

06:28 UT

기록에 없는 폭발

불꽃놀이처럼 화려한 이것은 카시오페이아자리(Cassiopeia)에 있는 초신성 폭발 잔해다. 이름만 놓고 보면 새로 태어난 별 같지만 사실 초신성은 생의 마지막에 이른 별이 붕괴하는 과정을 가리킨다. 별이 마지막 순간 폭발하며 방출하는 에너지는 은하 하나의 밝기와 맞먹을 정도로 밝다. 그래서 지구에서 보기에 새로운 별이 나타나는 것처럼 보여 초신성이라고 부른다. 우리나라에서는 잠시 머물다 사라지는 별이라고 해서 '객성(客星)'이라고 불렀다.

사진은 지구에서 1만 1000광년 떨어진 우리 은하 안에서 발생한 폭발 흔적이다. 약 300년 전에 폭발의 섬광이 지구에 도달했을 것으로 보인다. 그런데 당시 어느 나라도 이것을 기록하지 않았다. 카시오페이아자리는 북반구 대부분의 나라에서 1년 내내 보이는 별자리인데 말이다. 이보다 멀리 떨어져 있는 2만 광년 거리의 케플러 초신성에서 일어난 1604년 폭발은 전 세계에 기록으로 남아있는데 말이다. 참 이상한 일이다.

 th night

허리케인 위에서

국제우주정거장에서 내려다본 허리케인 '도리안(Dorian)'이다. 지상 400km 높이에서 보더라도 허리케인의 거대한 위용이 느껴진다. 허리케인에서 멀찍이 떨어진 우주정거장에서는 허리케인 아래에서 벌어지는 일을 알 수 없고, 그 피해에 공감하기도 어렵다. 이날 지상에서는 시속 300km의 강풍과 폭우가 몰아쳤다. 도리안이 직격한 카리브 해의 그레이트 아바코 섬 저지대 판자촌은 쑥대밭이 되었다. 반면 인근 고급 주택들은 지붕이 부서지고 야자수 나무가 쓰러지는 정도의 피해를 봤다. 같은 공간인데 단지 그 위냐 아래냐에 따라 상황은 극명하게 바뀌는 경우가 많다.

우리 모두 춤출 뿐

"모든 것은 우리가 통제할 수 없는 힘이 결정한다.
별, 인간, 식물, 우주의 먼지뿐만 아니라 벌레까지
저 멀리서 보이지 않는 피리가 부르는 신비한 선율에 맞추어
우리 모두 춤출 뿐이다."

— 알베르트 아인슈타인

가장 어두운 빛

세상에서 가장 어두운 곳에 가면 아무것도 보이지 않을까? 사람, 그리고 사람이 만든 것들로부터 최대한 멀리 도망치면 완전한 암흑을 만날수 있지 않을까?

일단 달이 뜬 날을 피해서 가더라도 검은색으로 꽉 막힌 경험은 할 수없다. 하늘에 별이 밝기 때문이다. 별빛이 모두 사라져도 대기가 방출하는 아주 희미한 빛이 남는다. 지평선 부근에 빨갛게 또는 녹색으로 나타나는 '대기광'이라 불리는 빛이다.

지구 상에 빛의 방해를 받지 않는 순도 100% 암흑은 없는 걸까? 가장어두운 곳은 오히려 아주 가까이에 있을지 모른다. 굳게 닫힌 사람의마음은 빛 한 줄기 스며들지 못하는 지독한 암흑일 것이다.

하늘의 남극을 찾아라!

밤에 북쪽이 어딘지 알려면 북극성을 찾으면 된다. 그러나 북극성은 북위 89도에 있기 때문에 적도 쪽으로만 가도 관측하기 쉽지 않다. 호주 같은 남반구에서는 북극성을 아예 볼 수 없다.

그럼 남반구 여행자는 어떤 별을 길잡이로 삼아야 할까? 남반구 하늘에는 북극성처럼 남극을 알려주는 밝은 별이 없다. 그래서 하늘의 남극에서 조금 떨어진 곳에 있는 십자가 모양의 남십자성을 찾기도 하고, 구름처럼 보이는 대마젤란은하와 소마젤란은하를 밑변으로 하는 삼각형의 꼭짓점을 그려 보기도 한다.

KIM DONGHOON

뒤통수도 곱구나

우주 기후 및 지구를 관측하는 위성 DSCOVR가 지구와 달을 동시에 포착했다. DSCOVR에 장착된 카메라는 지구의 낮 지역을 계속 촬영한다. 지구와 달 사이 거리는 대략 40만km다. 지구와 DSCOVR 사이 거리는 약 160만km로 그보다 멀리 떨어져 있어, 지구 앞쪽이나 뒤로 지나가는 달을 포착할 수 있다.

사진 속 달은 평소에 우리가 보던 모습이 아니다. 지구에서는 결코 볼 수 없는 달의 뒷면이기 때문이다. 달은 지구 주위를 도는 공전주기와 자전주기가 같다. 그래서 지구에서는 옥토끼가 방아를 찧는 모습이 있는 달의 앞면만 보인다.

혜성 같은 별

은하수에 있는 성단 가운데 가장 젊고 무거운 성단인 '웨스터룬드 1 (Westerlund 1)'이다. 1961년 스웨덴 천문학자 벵트 웨스터룬드(Bengt Westerlund)가 발견했다. 지구에서 약 8500광년 거리에 있는 웨스터룬드 1 성단에는 지금까지 발견된 별 중 다섯 번째로 큰 '웨스터룬드 1-26'이 있다. 웨스터룬드 1-26은 태양보다 지름이 1200배 이상 크다. 갖가지 색깔로 빛나는 별들 사이에 붉은색 꼬리를 길게 늘어뜨린 특이한 별이 있다. 웨스터룬드 1 성단 안에 있는 수백 개의 별이 뿜어내는 강한 항성풍이 이 별의 물질을 바깥쪽으로 날려버리면서 혜성처럼 꼬리가 생겼다.

셀카 바보

화성 탐사선 퍼서비어런스(Perseverance)호가 보내온 셀카 사진이다. 퍼서비어런스호의 어깨너머 약 4m 근방에 화성에 함께 간 인제뉴어티(Ingenuity) 헬리콥터가 찍혔다.

퍼서비어런스호는 로봇팔을 내밀어 팔 끝에 달린 카메라로 자신을 촬영했다. 로봇팔을 셀카봉처럼 사용한 것이다.

퍼서비어런스호는 총 62장의 사진을 촬영해 모자이크를 만들었는데, 이 사진은 그 가운데 하나다. 과학자들은 카메라 노출과 동작을 정하는 데 몇 주를 고심했고, 마침내 한 장의 셀카 사진을 얻을 수 있었다.

241

갈매기의 꿈

"가장 높이 나는 새가 가장 멀리 본다."

많은 청소년이 이 문장을 되뇌며, 자신을 채찍질하던 때가 있었다. 리처드 바크의 소설『갈매기의 꿈』에 등장하는 문장이다.『갈매기의 꿈』은 자아를 실현하기 위해 비행하는 갈매기 조나단 리빙스턴이 오직 먹이를 구하기 위해서만 비행해 왔던 갈매기 무리를 변화시키는 이야기다.

우주에도 조나단만큼 담대한 갈매기가 있다. 바로 겨울철 밤하늘에서 가장 밝은 별인 시리우스 가까이에 있는 갈매기 성운이다. 숫자 3을 기울여놓은 것처럼 생긴 날개는 길이가 무려 100광년에 이른다. 이 정도 크기의 날개로 힘차게 날갯짓을 하면 우주 끝까지도 날아갈 수 있을 것 같다.

ESO/VPHAS+ team/N.J. Wright(Keele University)

두 개의 태양이 뜨는 행성

1977년 개봉한 영화 <스타워즈>에서 주인공 아나킨 스카이워커의 고향 타투인(Tatooine)에는 두 개의 태양이 뜬다. 황량한 사막 행성인 타투인이 가장 아름답게 물드는 순간은, 두 개의 태양이 차례로 질 때다.

이런 영화적 상상력이 40여 년이 지난 후, 우주 공간에 실재한다는 것이 밝혀졌다. 바로 화가자리(Pictor) 쪽으로 1300광년 떨어진 행성 TOI 1338b에서 말이다. 2019년 발견된 TOI 1338b에는 두 개의 태양이 뜨는데, 별 하나는 태양보다 10% 크고 다른 별은 태양의 3분의 1 크기다. TOI 1338b는 두 별을 93~95일 사이에 한 바퀴 공전한다. 이곳에서는 15일에 한 번씩 두 별이 겹치는 항성일식을 관측할 수 있다.

인간의 상상력은 우주 어딘가로부터 온다는 말, 사실인가 보다.

245

빛이 물결치다

태양풍에 실려온 하전입자(전하를 띠는 입자)들이 지구 극지방의 대기와 부딪쳐 빛을 내는 게 오로라다. 위도 65도 이상의 북극권 또는 남극권에 가면 오로라를 만날 수 있다. 하지만 온종일 해가 지지 않는 여름의 한가운데는 피해야 한다.

오로라는 수많은 빛줄기가 지상으로 내리꽂히는 것처럼 보이는데, 순간순간 모양이 계속 변한다. 전체적으로 바람에 나부끼는 커튼처럼 또는 출렁이는 물결처럼 보인다. 하늘 전체를 무대로 펼쳐지는 각본 없는 빛의 마술은 눈에 담기 벅찰 만큼 아름답다.

KIM DONGHOON

 th night

아득히 먼 훗날 은하수는

우주는 점점 팽창하고 있지만, 가까이 있는 천체들은 중력으로 연결되어 가까워지기도 한다.

안드로메다 은하는 우리 은하와 220만 광년이나 멀리 떨어져 있지만, 시속 40만km 속도로 우리 쪽으로 다가오고 있다. 1시간 만에 달에 갈 수 있을 만큼 빠른 속도로 이동하고 있지만, 안드로메다 은하가 우리에게 도달하는 건 40억 년 후다.

그때가 되면 안드로메다 은하는 밤하늘에서 은하수 옆을 가득 채울 정도로 다가와서 아주 멋진 광경을 보여줄 것이다. 그러나 그때까지 인류가 살아남아 이 모습을 볼 수 있을 것 같지는 않다.

하지만 과학은 먼 미래에 펼쳐질 한 장면마저 현실로 가져와 보여줄 힘이 있다.

거대함을 넘어

1973년 12월 19일에 촬영된 태양 사진은 우리의 상상력을 압도한다. 태양에서 무려 58만 8000km 상공까지 치솟은 홍염이 태양을 박차고 나갈 것처럼 솟구치고 있다. 지구 지름이 1만 2000km이니, 지구를 집어삼키고도 남을 거대한 규모다. 홍염은 태양 표면 물질이 솟아올랐다가 가라앉는 현상이다. 활동적인 홍염은 흑점 근처에서 나타나고, 한 번 치솟은 불기둥은 수 시간에서 수일 동안 떠 있기도 한다.

홍염이 늘 이렇게 거대한 건 아니다. 태양 전용 망원경으로 보면 대개 수염처럼 태양에 바싹 붙어있다.

만약 이 장면을 실제로 마주한다면 어떤 느낌일까? 우주의 거대함에 감탄하는 것을 넘어 경외감이 엄습할 것이다.

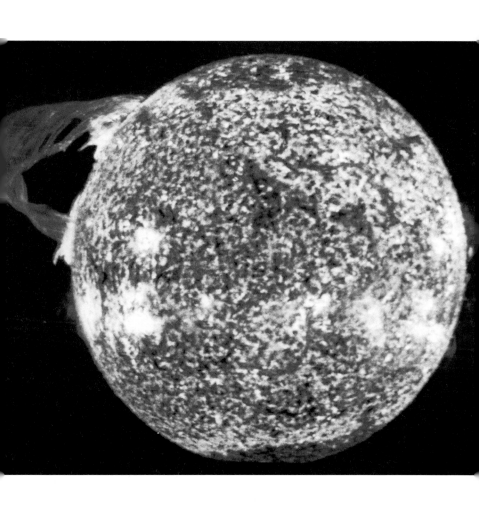

255

달의 흔들바위

달 탐사 위성인 LRO가 티코 운석공에서 포착한 바위다. 티코 운석공은
달 남쪽 지역에서 아주 잘 보이며, 지름이 약 82km다. 운석공들은 겉
으로 보기에 분화구처럼 보이지만 소형 천체와 충돌한 자국이다.

요하네스 케플러(Johannes Kepler)의 스승이었던 티코 브라헤(Tycho
Brahe)의 이름을 따서 티코 운석공이라고 명명되었다. 중앙에는 높이
2000m에 이르는 산처럼 솟은 봉우리가 있다. LRO 탐사 위성은 놀랍
게도 티코 운석공 정상에서 둥근 바위를 찾아 높은 해상도로 촬영했다.
바위는 길이가 120m에 이른다.

먼 훗날 달 여행이 대중화되면 지구인들은 이곳에서 바위를 힘껏 미는
시늉을 하며 기념사진을 찍지 않을까? 미국 우주탐사기업 스페이스X
는 2023년에 민간인을 달로 보내는 계획을 추진 중이다. 아쉽게도 한
일본인 부호가 이 우주선 좌석을 모두 사들였다.

황홀한 잔해

'게 성운'이라 불리는 이것은 초신성(죽어가는 별이 폭발하며 평소보다 매우 밝게 빛나는 것)의 잔해. 이름과 달리 게자리(Cancer)에 있는 것이 아니라 겨울철 별자리인 황소자리(Taurus)에 있다. 1054년에 폭발했을 때 중국과 아랍에서 관측한 기록이 전해진다. 무려 23일 동안 대낮에도 보였다고 한다. 지금은 폭발 잔해물이 지름 11광년까지 퍼져 있는데, 초속 1500km 속도로 아직도 팽창하고 있다.

게 성운은 아마추어 망원경으로도 볼 수 있다. 프랑스의 천문학자 샤를 메시에(Charles Messier)가 혜성을 추적하다가 우연히 발견한 성운으로, 그가 정리한 천체 목록의 첫 번째 주인공이라는 의미로 'M 1'이라 부른다.

259

NASA, ESA, J. Hester and A. Loll(Arizona State University)

절묘한 일몰

미국 키트 피크(Kitt Peak) 국립천문대 뒤로 태양이 지고 있다. 태양 빛에 천문대 내부 여러 시설이 실루엣으로 떠오른다. 천문대에서 100km 떨어진 레몬 산에서 보면 천문대가 있는 산꼭대기와 태양의 크기가 절묘한 조화를 이룬다. 매년 12월 동지 무렵이면 만날 수 있는 장면이다.

우리가 사는 이 시대는 과학의 힘으로 예측 가능한 자연 현상이 많다.

 rd night

중력 줄다리기

드넓은 우주 공간에서 은하와 은하 사이의 거리는 아주 멀다. 하지만 중력이 작용하면 이웃하고 있는 은하들은 아주 조금씩이라도 서로에게 다가갈 수밖에 없다. 이때 시간은 그리 큰 문제가 되지 않는다. 우주 자체가 이미 길고 긴 시간을 거쳐왔으니까.

여기 두 개도 아닌 무려 세 개의 은하가 뒤엉켜 있다. 'Arp 195'라는 이름의 특이한 은하는 마치 줄다리기하듯 서로를 끌어당기고 있다.

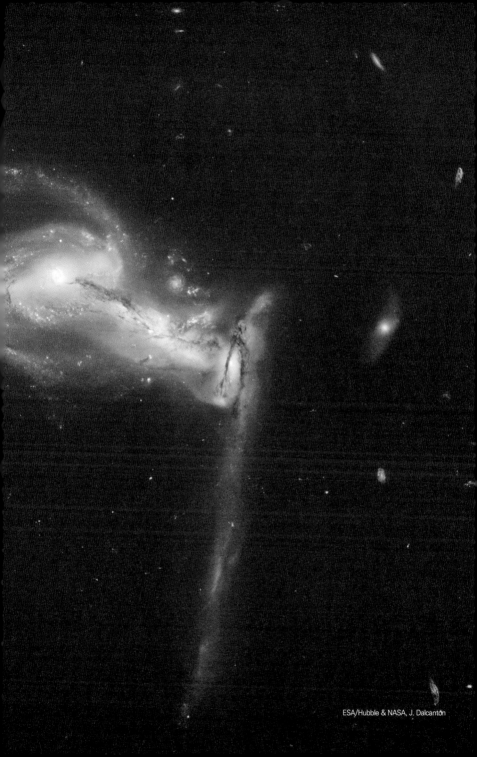

용광로 은하

남반구 별자리인 화로자리(Fornax)에 있는 나선은하 NGC 1385이다. 화로자리는 18세기 프랑스 천문학자 라카유(Nicolas Louis de Lacaille) 가 붙인 이름이다. 라카유는 아프리카의 최남단 희망봉에 2년 동안 머무르며 북반구에서 볼 수 없는 별을 관찰했다. 그는 남반구 하늘을 수놓은 별자리 14개의 이름을 새로 만들었는데, 신화나 동물에서 이름을 빌리는 대신 도구나 실험기구 이름을 붙였다. 화로자리도 그중 하나다. '근대 화학의 아버지' 라부아지에(Antoine Laurent de Lavoisier)를 기리기 위해, 화학 실험 때 가열하는 도구인 화학실험로의 이름을 붙였다.

267

ESA/Hubble & NASA, J. Lee and the PHANGS–HST TeamESA/Hubble & NASA, J. Lee and the PHANGS–HST Team

은하수 커튼을 치다

남반구 하늘에서 은하수가 지고 있다. 남반구에서만 볼 수 있는 장관 중 하나가 은하수가 지평선과 나란히 누워서 지는 모습이다. 은하수가 지평선과 맞닿으면 마치 은하수로 커튼을 친 것처럼 보인다. 이때는 눈 길 닿는 곳 어디든 별천지다.

미스터리 헥사곤

토성의 북극에는 구름이 만든 육각형 패턴이 있다. 약 3만km 폭의 육각형 패턴 중앙에는 회전하는 거대한 폭풍이 있다. 특이한 점은 이 육각형 패턴이 잠시 나타났다 사라지는 게 아니라, 1981년 보이저 1호가 발견한 이후 아직 그대로라는 것이다. 과학자들은 중심과 주변이 서로 다른 속도로 회전하는 유체에서 육각형 같은 규칙적인 모양이 생성된다고 설명한다.

미스터리는 한 가지 더 있다. 토성의 남극에서는 이런 육각형 소용돌이를 발견하지 못했다. 그래서 어떤 이들은 육각형 소용돌이가 '우주적 표식'이라고 생각하고 의미를 부여하기도 한다.

271

성 쟈크의 길

"어머나, 저렇게 많아! 참 기막히게 아름답구나! 저렇게 많은 별은 생전 처음이야. 넌 저 별들의 이름을 잘 알 테지?"

"아무렴요, 아가씨. 자! 바로 우리 머리 위를 보셔요. 저게 '성 쟈크의 길'이랍니다. 프랑스에서 곧장 에스파냐 상공으로 통하지요. 샤를르마뉴 대왕께서 사라센 사람들과 전쟁을 할 때에 바로 갈리스의 성 쟈크가 그 용감한 대왕께 길을 알려 주기 위해서 그어놓은 것이랍니다."

— 알퐁스 도데, 『별』 중에서

문화권마다 은하수를 부르는 다양한 이름이 있다. 그리스신화에서는 헤라 여신의 젖이 뿜어져 나와 만들어졌다고 해서 '밀키웨이(milky way)', 이집트에서는 '이시스 여신이 흘린 이삭', 산스크리트어 문화권에서는 '하늘의 갠지스 강', 아프리카!쿵족은 '밤하늘의 등뼈', 스웨덴에서는 '겨울의 길'이라고 불렀다. 그리고 프랑스에서는 은하수를 '성 쟈크의 길'이라고 불렀다.

Juan Carlos Muñoz-Mateos/ESO

th night

태양의 혓바닥

달이 뜨지 않고 주변에 불빛도 없는 아주 어두운 곳에서는 '황도광'이라는 이름의 빛을 볼 수 있다. 지구에서 바라보는 하늘 즉, 지구를 감싸고 있는 우주를 '천구'라고 한다. 천구 상에서 태양이 지나가는 길이 '황도'다. 황도에는 무수히 많은 먼지 입자가 있는데, 이들이 햇빛을 지구로 반사해 황도광이 나타난다.

황도광은 해가 뜨기 바로 전이나 해가 진 이후에 지평선에서 빛무리가 올라오는 모습으로 나타난다. 그 모습은 마치 태양 쪽에서 혓바닥을 길게 내민 듯하다.

ESO/Y. Beletsky

 th night

하나의 점, 하나의 선에 담긴 시간

한 장소에서 6개월 동안 찍은 태양의 궤적이다. 왼쪽에서 오른쪽으로 이어지는 궤적은 하루 동안 태양이 지나간 길이다. 위아래로 굽은 궤적은 하지에 가까울수록 높아지고 동지에 가까울수록 낮아지는 태양의 고도를 나타낸다. 필름을 넣은 캔에 렌즈 역할을 하는 작은 구멍을 뚫어 몇 달을 태양 쪽으로 놓아두면 솔라그래프를 촬영할 수 있다. 하나의 점, 하나의 선에 6개월 동안의 복잡한 세상사가 새겨진 셈이다.

 ESO/R. Fosbury/T. Trygg/D. Rabanus

불의 반지

지구 크기 4분의 1에 불과한 작은 달이 어떻게 거대한 태양을 가릴 수 있을까? 일식은 놀라운 우연이 거듭된 결과다. 태양은 달보다 지름이 400배 큰데, 달보다 딱 400배 멀리 떨어져 있다. 그래서 지구에서 태양과 달은 같은 크기로 보인다.

달의 공전궤도는 타원형이라서 달과 지구의 거리는 늘 같지 않고 가까워졌다가 멀어졌다 한다. 달이 지구와 멀어졌을 때 일식이 일어나면 달이 태양을 다 가리지 못한다. 이때는 달을 비집고 나온 태양 빛이 둥근 반지처럼 보이는 금환일식이 나타난다.

금환일식을 보려고 일본 도쿄로 갔다. 이를 어쩌나! 일기예보를 확인하니 도쿄 하늘이 흐릴 거라고 한다. 급히 야간열차를 타고 도쿄에서 250km 떨어진 하마마쓰로 이동했다. 민첩하게 움직인 덕분에 멋진 사진과 여기 덧붙일 무용담을 얻었다며 흡족해하던 내게 날아온 소식. 도쿄에서도 금환일식을 볼 수 있었다고 한다!

모든 선택은 후회와 맞닿아 있다. 그러니 그렇게 억울해할 일은 아니다.

KIM DONGHOON

 st night

우주 광부의 보물지도

노란색이나 회색 빛깔의 익숙한 달이 아닌 알록달록한 달이다. 목성 탐
사선 갈릴레오 우주선이 목성으로 가는 도중 달을 지나갈 때 찍은 사진
이다. 여러 가지 파장의 카메라가 촬영한 53장의 사진을 이어 붙였다.
다채로운 색깔은 달의 실제 색이 아니라 지형과 광물 분포를 알려주는
지표다. 밝은 분홍빛은 고지대를 나타내고, 파란색에서 주황색으로 이
어지는 음영은 용암의 흐름을 나타낸다. 짙은 파란색은 티타늄이 풍부
한 지역임을 알려준다.

2020년 11월 영국 에든버러대학교는 국제우주정거장에서 미생물(박테
리아)을 활용해 암석에서 희토류 원소를 추출하는 실험이 성공했다고
발표했다. 우주에서 미생물 제련*에 성공함으로써 인류는 우주에서 자
원을 채굴하는 시대에 한 발짝 다가갔다. 다가올 미래에 이 사진은 보
물지도가 될지 모른다.

* 현재 전 세계 구리와 금의 약 20%가 용광로 대신 박테리아의 대사작용을 활용하는 '미생물 제련
(biomining)' 기술로 생산되고 있다.

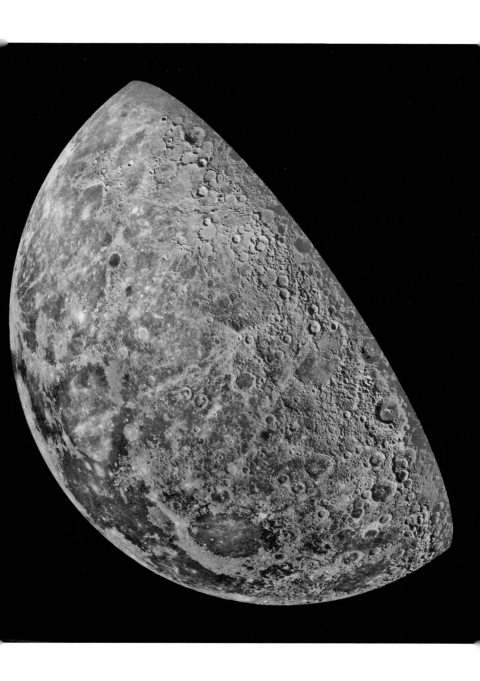

태양의 두 얼굴

태양은 11년을 주기로 활동과 휴식을 반복한다. 왼쪽이 활동이 왕성했던 2014년 4월 극대기 때 태양이고, 오른쪽이 활동이 줄어들었던 2019년 12월 극소기 때 태양이다.

현재 태양은 다시 극대기를 향해 달려가고 있는데, 2025년 7월경이면 활동이 최고조에 다다른다. 극대기에는 태양 흑점 수가 증가하면서, 왼쪽 사진처럼 태양 표면에서 플레어 같은 폭발 현상이 자주 발생한다. 대규모 태양폭풍의 발생 빈도가 증가하면 밤하늘에 밝고 커다란 오로라가 펼쳐지는 날이 많아진다.

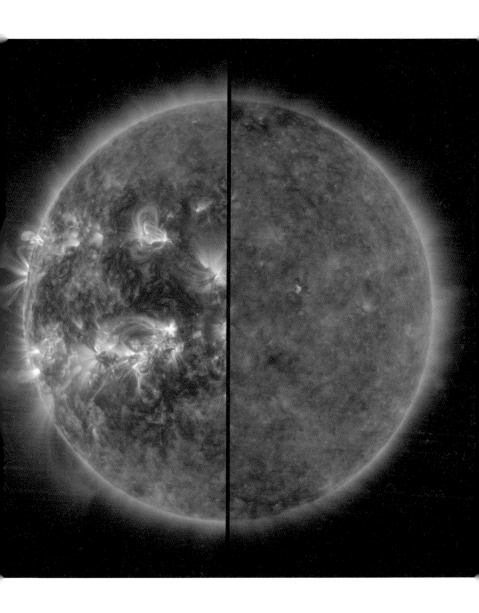

rd night

생명의 간헐천

토성의 80여 개 위성 가운데 여섯 번째로 큰 엔셀라두스에서 지면 위로 솟구치는 간헐천이 발견되었다. 엔셀라두스는 표면이 얼음으로 뒤덮여 있다. 과학자들은 지표면 아래 자리한 바다에서 간헐천이 시작된다고 추측하고 있다. 만약 액체 상태의 바다가 존재한다면, 엔셀라두스는 지구 이외에 생명체가 사는 또 다른 후보지가 된다.

간헐천은 "여기 생명이 살고 있다"고 알리는 신호일지 모른다.

285

빛나는 크레이터

밀가루 폭탄이 터진 흔적처럼 보이는 이것은 달 표면의 충돌 크레이터다. 1968년 최초로 우주인 세 명을 태우고 달 주위를 돌았던 아폴로 8호가 포착했다.

달 표면에 소행성이나 혜성이 부딪힐 때 튕겨 나온 물질이 사방으로 퍼지면서, 방사형의 긴 줄무늬가 생겼다. 크레이터가 유난히 밝게 빛나는 이유는 태양이 바로 머리 위에서 비추고 있기 때문이다.

이 크레이터는 달의 뒷면에 있다. 달은 지구를 공전하는 동시에 자전도 한다. 달은 공전주기와 자전주기가 같아서 지구에서 봤을 때 늘 한쪽 면만 보인다. 우리가 거울 같은 도구의 힘을 빌리지 않고서는 뒷모습을 마주할 수 없는 것처럼 말이다. 그래서 아폴로 8호 우주인이 응시하기 전까지, 지구에서는 볼 수도 알 수도 없었던 영역이었다.

스타 탄생

금가루를 뿌려놓은 듯 반짝이는 별빛을 가로막고 있는 좌우로 긴 검은 띠는 암흑성운이다. 암흑성운의 가스와 먼지가 중력으로 점점 뭉쳐지고 중심부 온도가 올라가면, 새로운 별이 만들어진다. 그렇게 태어난 별이 암흑성운 내에서 밝게 빛나고 있다. 암흑성운 일부는 태어난 지 얼마 안 된 젊은 별의 강한 별빛을 반사하며 파란색 반사성운으로 자신을 드러내는 방법을 바꿨다.

우리 태양도 40억 년 전에 이런 모습으로 태어났을 것이다.

혜성처럼 사라지다

2019년 12월 29일에 발견된 아틀라스(ATLAS) 혜성은 드물게 사람들의 기대를 한몸에 받았다. 다음 해 5월경이면 아틀라스 혜성이 20년 동안 나타났던 혜성들을 제치고 가장 밝고 멋진 모습으로 밤하늘에 등장할 것이라며 떠들썩했다.

예측과 달리 아틀라스 혜성은 갑자기 어두워졌다. 그러다 4월 초에는 세 조각으로 분리되더니, 4월 23일에 촬영된 사진에서는 스물다섯 개가 넘는 조각으로 분해되고 말았다.

"혜성처럼 나타났다." "혜성처럼 사라졌다."

아틀라스 혜성의 등장과 퇴장을 지켜본 사람들은 두 문장의 차이를 몸소 체험하여 알게 되었다.

291

NASA, ESA, D. Jewitt(UCLA), Q. Ye(University of Maryland)

지구 폭격

달에는 많은 운석 충돌 흔적이 있지만, 달과 가까운 지구에서는 그런 흔적을 쉽게 볼 수 없다. 그렇다고 운 좋게 지구만 운석이 비켜 갔을 리 는 없다. 육지보다 더 넓은 면적의 바다로 떨어진 운석이 많았을 테고, 육지에 떨어진 것은 비바람에 쓸려 흔적이 희미해졌다.

캐나다의 미스타스틴(Mistastin) 호수는 3600만 년 전에 운석이 떨어지 며 생겼다. 호수 지름은 약 16km다. 사진은 인공위성에서 찍은 것이다. 보는 높이만 바꾸었을 뿐인데, 보이지 않던 것이 보인다.

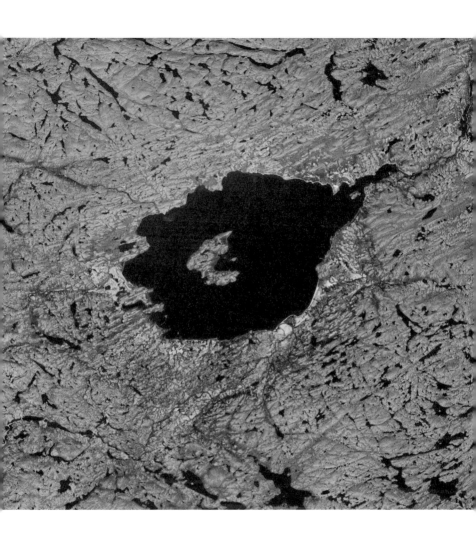

293

다크 셔틀

머리를 왼쪽으로 향하고 나는 검은 비행체는 스페이스 셔틀, 우리말로 우주왕복선인 엔데버(Endeavour)호다. 엔데버호는 국제우주정거장에 새로 설치할 모듈을 싣고 비행하는 중이다.

우주왕복선 뒤쪽으로 다양한 색을 띤 지구의 여러 대기층이 보인다. 왕복선 뒤쪽 파란색 층이 중간권이고 그 왼쪽 아래 흰색 층이 성층권이다. 그리고 주황색 층은 가장 낮고 지표면과 닿아 있는 대류권이다.

엔데버호는 NASA가 다섯 번째이자 마지막으로 건조한 우주왕복선이다. 미국은 국제우주정거장에 화물과 우주비행사를 실어 보내고 다시 데리고 오는 우주왕복선을 2011년 7월을 끝으로 영구히 운행정지시켰다. 대신 러시아 우주선이나 스페이스X 같은 민간우주선을 이용해 우주비행사와 화물을 국제우주정거장에 보내고 있다.

미의 여신을 탐한 대가

달을 제외하고 지구와 가장 가까이 있는 천체는 금성이다. 밤하늘에서 가장 밝게 빛나기에 가장 잘 보인다. 은은한 노란빛을 베일처럼 두른 이 아름다운 행성에 사람들은 미의 여신 '비너스'라는 이름을 붙였다. 금성은 크기와 평균 밀도 등이 지구와 유사해 '쌍둥이 행성'으로 불린다.

이렇게 사랑받은 행성이지만, 금성을 직접 탐사한 우주선은 화성에 비해 턱없이 적다. 금성은 대기가 매우 두껍고, 표면온도가 464도, 대기압이 지구의 92배에 달한다. 돈을 많이 들여 개발한 우주선이 금성에 가까이 가지도 못하고 고장 나기 쉬운 환경이다. 실제로 금성 표면으로 내려가던 베네라(Venera) 4호는 높은 대기압을 이기지 못하고 망가졌고, 천신만고 끝에 금성에 착륙한 베네라 9호는 금성 표면 사진을 전송하고 53분 만에 삶을 마쳤다.

아름다움을 탐험하는 여정에는 비싼 대가가 기다리고 있다.

올챙이 은하

길게 늘어진 꼬리 길이만 해도 28만 광년으로 우리 은하보다 세 배가량 크다. 1억 년 전에 작은 은하와 합쳐지는 과정에서 기다란 꼬리가 생겼다.

별들로 가득한 이 꼬리도 언젠가는 사라진다. 오랜 시간에 걸쳐 만들어진 거대한 구조도 우주의 시간 앞에서는 변하지 않고 버틸 수 없다. 그보다 미미한 인간의 시간과 공간도 그 법칙을 따를 수밖에 없다.

299

낮과 밤이 무승부인 날

태양이 지구 적도를 수직으로 비추는 날, 지구가 도는 축과 태양 빛의 각도가 직각인 날, 낮과 밤의 길이가 같아지는 날.

이 모든 표현이 같은 날을 의미한다. 그리고 이런 날은 1년에 딱 두 번 있다. 바로 춘분(春分)과 추분(秋分)이다.

춘분과 추분이 지나면 낮과 밤의 길이가 서로 바뀌고, 남극과 북극은 해가 계속 비추거나 비추지 않는 상태로 접어든다. 춘분과 추분은 계절의 분기점이다. 그러나 두 날 모두 달력에 아주 조그만 글씨로 적혀 있으니 모르고 지나가기 일쑤다. 아주 중요한 의미가 있는데도 불구하고, 그런지도 모르고 무심히 지나가는 것이 많다.

NASA

Summer Triangle

여름 밤하늘에서 가장 밝은 별을 찾았다면 그것은 직녀별이다. 사진 오른쪽 아래 가장 밝게 빛나는 별이다. 직녀별에서 밤하늘 한가운데를 가로지르며 흐르는 은하수를 건너면 왼쪽 아래에 견우별이 있다. 다시 은하수를 거슬러 올라가면 위쪽에 백조자리(Cygnus)의 꼬리별에 해당하는 데네브가 있다. 이 세 별을 이으면 '여름의 삼각형'이 그려진다. 직녀별, 견우별, 데네브가 그리는 삼각형은 별눈 어두운 사람들에게 여름 별자리를 찾는 길잡이가 되어준다.

KIM DONGHOON

 rd night

우연의 미학

태양계 탐사선 보이저 2호가 해왕성에 가장 근접했을 때 촬영한 사진
이다. 해왕성 아래 작은 위성은 트리톤이다. 이 사진이 보이저 2호의 탐
사 임무 중 하나였는지 아니면 우연히 촬영된 것인지는 알 수 없지만,
예술성이 돋보인다.

바다를 떠올리게 하는 푸른빛의 해왕성은 그리스신화에 나오는 '바다
의 신' 포세이돈의 행성이다. 트리톤은 상반신은 인간이고 하반신은 물
고기 모습을 한 포세이돈의 아들이다. 신화 속 둘의 관계를 떠올리면,
왠지 어미 고래와 새끼 고래를 보는 듯한 정겨움이 느껴진다.

드물고 드문

칠레 파라날(Paranal) 천문대 하늘 위로 거대한 눈동자가 나타났다!
사실 빛나는 천체를 중심으로 생긴 하얀 띠는 달무리다. 달빛이 대기
속에 있는 수백만 개의 작은 얼음 결정과 물방울에 굴절되면 달을 둘러
싸고 구름 같은 둥근 테가 나타나는데, 이것을 달무리라고 한다. 태양
주위에 나타나는 햇무리도 같은 원리로 생긴다. 띠를 자세히 보면 무지
개의 일곱 색이 모두 들어 있다.
천문대는 1년 내내 날씨가 맑은 곳에 짓기 때문에 흐린 하늘을 볼 수 있
는 날이 많지 않다. 천문대에서 보기 드문 엷은 구름이 낀 날에 달무리
까지 함께 나타났다. 귀하고 귀한 사진이다.

 th night

행성보다 큰 위성

얼룩덜룩한 표면과 가는 줄무늬, 충돌 운석공이 보이는 이 천체는 명왕성보다 크고 태양계 첫 번째 행성인 수성보다도 크다. 행성보다 더 크지만, 행성은 아니다. 이 천체는 목성의 위성 가니메데다.

얼음으로 된 가니메데 표면 아래에는 바다가 있는데, 지구보다 더 많은 물이 있을 수 있다. 그리고 그 바다에는 생명체가 존재할 가능성이 굉장히 높다. 우리가 지구를 떠나 이주할 수 있는 후보 중 하나가 가니메데의 바다다.

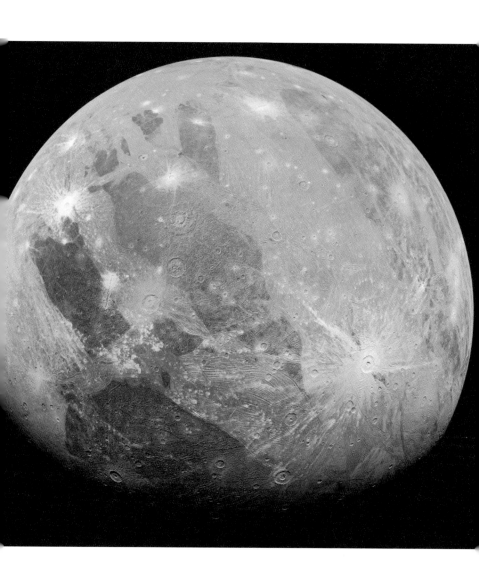

309

토성의 달

화면 중앙을 가로지르는 것은 토성의 고리다. 그 위에 떠 있는 검고 둥근 물체는 토성의 위성 디오네다.

디오네는 그리스신화에 등장하는 거인족 티탄의 여신이다. 국제천문연맹(IAU)이 정한 규칙에 따라 토성의 위성에는 그리스신화 속 티탄과 관련된 이름이나 자손의 이름을 붙인다.

디오네는 크기가 달의 3분의 1 정도로, 토성의 80여 개 위성 가운데 네 번째로 크다. 지구와 달 사이 거리(38만km)만큼 떨어져 토성 궤도를 2.7일에 한 번 돈다. 얼음으로 뒤덮인 디오네 내부에는 거대한 바다가 있을 것으로 추측하고 있다.

 th night

우아한 시체

한 뭉치의 파란색 빛 덩어리는 백조자리(Cygnus)에 있는 초신성이 폭발
한 잔해다. '환상 성운(Loop Nebula)'이라 불리는 이 성운은 보름달보다
세 배 이상 크게 펼쳐져 있다. 자외선 영역에서 보면 가스와 먼지 잔해
가 밝게 빛나는데, 초신성의 충격파가 성운을 뜨겁게 달궜기 때문이다.
지금은 잔해만 남아 있지만, 초신성이 5000~8000년 전에 폭발한 것
으로 보인다. 폭발 당시에는 지구에서 보일 정도로 밝았다고 한다.

지구인의 상상은
우주에서 현실이 된다

토성의 위성인 미마스에는 커다란 충돌 크레이터가 있다. 크레이터는 지름이 130km로, 미마스 지름의 3분의 1을 차지할 정도로 거대하다. 이렇게 큰 충돌을 겪고도 미마스는 살아남았다.

그런데 천신만고 끝에 살아남은 미마스는 '죽음의 별(Death Star)'로 불린다. 오싹한 별명이 붙은 이유는 미마스가 영화 <스타워즈>에 나오는 제국군의 행성 파괴용 병기 '데스 스타'와 많이 닮았기 때문이다. 하지만 이건 어디까지나 우연의 일치. 충돌 크레이터가 발견되기 전에 영화가 제작됐기 때문이다.

인간이 상상하는 것은 우주 어딘가에 이미 존재한다는 말, 미마스가 증명하고 있다.

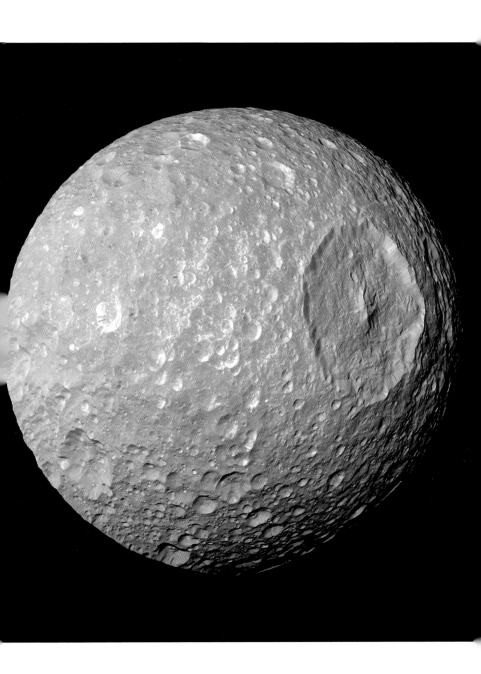

 th night

전설 더하기

십자가 모양의 남십자성은 남반구에서는 1년 내내 볼 수 있는 가장 유명하고 또 예쁜 별자리다. 북반구에서도 적도 쪽으로 내려가면 잠시 보일 때가 있다. 뉴질랜드와 호주 등 남반구 여러 나라 국기에 그려져 있을 정도로 남반구를 대표하는 별자리다.

현미경자리, 그물자리, 나침반자리 등 남반구 별자리가 대개 그렇지만 남십자성에는 흥미로운 신화나 전설이 없다. 다만 "기차가 어둠을 헤치고 은하수를 건너면"이라는 노래의 다음 소절을 따라 부를 수 있는 사람들이 좋아할 만한 이야기가 하나 있다. 애니메이션 <은하철도 999>의 원작 소설인 『은하철도의 밤』에서 주인공들이 은하열차를 타고 별자리를 순회하는 여행의 종착역이 바로 남십자성이다. 망자들은 남십자성에서 내려 하늘나라로 간다.

지평선 근처 낮은 하늘에서 잠깐 고개를 내민 남십자성은 누구라도 한눈에 반할 만큼 아름답다.

317

은퇴하기엔 너무 일러

우주왕복선 아틀란티스(Atlantis)호가 태양을 통과하는 순간이 미국 플로리다에서 포착됐다.

우주왕복선은 주로 국제우주정거장에 화물과 우주인을 보내려고 발사한다. 하지만 이때 아틀란티스호의 목적지는 허블우주망원경이었다. 2009년에 설계 수명 15년을 넘긴 허블우주망원경의 수명을 연장하기 위해, 아틀란티스호가 방문 수리에 나선 것이다.

아틀란티스호는 2주에 걸친 비행 일정 동안 허블우주망원경의 일부 장비를 교체하고 새로운 카메라 등을 성공적으로 설치하고 케네디우주센터로 귀환했다.

319

먼지 악마의 발자국

한 폭의 수묵화 같은 이 이미지는 화성의 모래 언덕이다. 그림을 그린 자연이 붓으로 선택한 건 먼지 소용돌이다. 태양 빛을 받아 따뜻해진 모래 언덕에서 상승하는 기류가 발생하면 소용돌이가 생긴다. 모래가 소용돌이에 딸려 올라가면 그 아래에 있던 어두운 암석 표면이 드러난다. 먼지 소용돌이는 모래 언덕을 이리저리 움직이며 멋진 그림을 그린다. 과학자들이 화성의 먼지 소용돌이에 붙인 별명은 '먼지 악마'다.

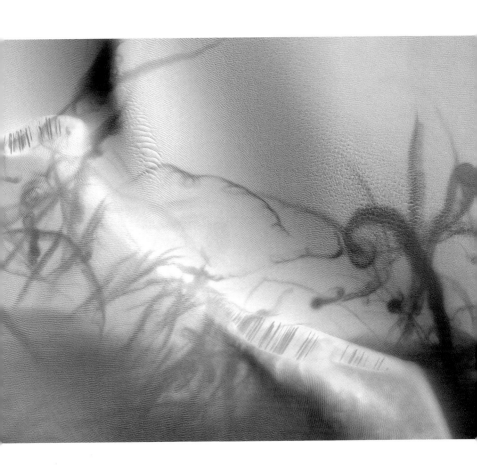

지구 일식

일식은 태양-달-지구가 일직선으로 늘어섰을 때, 달이 태양을 가리는 현상이다. 그런데 이 사진은 특이한 일식이다. 왼쪽 아래로 빼꼼히 얼굴을 내민 햇빛을 가린 그믐달 모양의 천체는 달이 아니라 지구다!

아폴로 12호 우주선이 달을 탐사하고 지구로 귀환하는 도중에 목격한 흔하지 않은 일식 장면이었다. 아마도 인류 최초로 목격한 지구 일식이 었을 것이다.

지구 안에서는 생각지도 못했던 것들이 우주로 나가면 현실이 된다.

더블 일식

두 개의 천체가 태양을 가리는 더블 일식(Double Eclipse)을 NASA의 태양 관측 위성 SDO가 촬영했다. 태양 오른쪽 윗부분을 가린 선명한 원호는 달의 실루엣이다. 그 왼쪽으로 희미하게 어두워진 부분은 지구의 실루엣이다. 대기가 없는 달은 윤곽선이 또렷하지만, 대기가 있는 지구는 윤곽선이 흐릿하다. 지구가 SDO 시야를 가리며 지나가는 동안 달이 태양 앞을 통과하며 더블 일식이 일어났다.

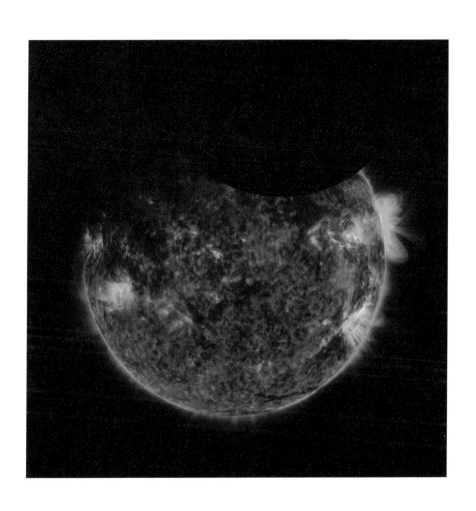

비너스가 가장 아름다웠을 때

지구와 크기, 질량, 평균 밀도, 중력 등이 가장 비슷해 '지구의 쌍둥이'
로 불리는 금성. 그러나 가까이 들여다보면 두 행성의 환경은 판이하
다. 금성은 지표면온도가 무려 464도이고, 대기압은 92기압에 이른다.
고온·고압의 금성은 '태양계의 지옥'이라 불린다.

왼쪽은 금성의 현재 모습이고, 오른쪽은 7억 년 전 대격변을 겪기 전 금
성을 시뮬레이션한 모습이다. 만약 금성이 생성 초기에 물이 있었다면,
오른쪽 모습처럼 30억 년 동안 바다가 있었을 것이다. 푸른 바다에는
생명체가 넘쳐났을 것이고, 지적 생명체가 있었다면 금성이 황폐해지
기 전에 다른 행성으로 이주했을지 모른다. 금성인들은 어디로 이주했
을까? 혹시 제일 가까운 지구?!

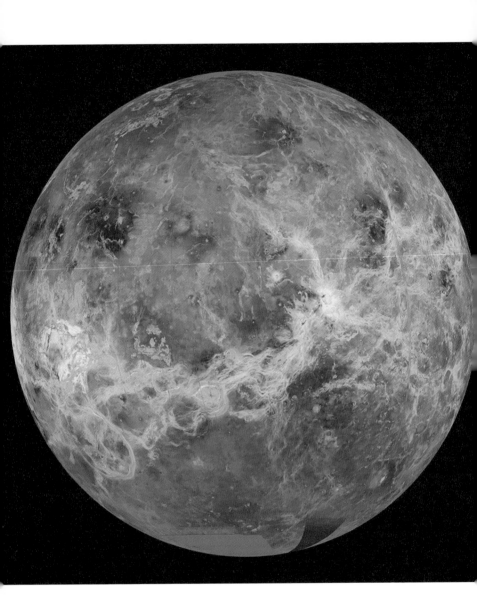

th night

존재의 이유였던

토성에 짙은 어둠이 내려앉았다. 초승달 모양으로 빛나는 토성 본체는 고리에 그림자를 드리웠다. 지구에서는 볼 수 없는 토성의 밤에 해당하는 지역이 사진에 담겼다. 지구가 토성보다 태양에 더 가까이 있기 때문에 지구에서 바라보는 토성은 늘 낮인 지역이다.

이 사진은 토성 탐사선 카시니가 토성에서 110만km 떨어진 곳에서 총 42장의 사진을 찍어 합성한 것이다. 이날 카시니는 13년 동안 바라본 토성의 풀 샷을 마지막으로 카메라에 담았다. 그리고 이틀 뒤인 2017년 9월 15일, '죽음의 다이빙*' 임무를 끝으로 카시니는 영원히 토성의 품에 안겼다.

* 토성 대기권에 진입해 불타 사라지는 것

롯데월드타워 일출

어둠을 몰아내고 힘차게 떠오르는 태양이 서울에서 가장 높은 빌딩 위를 빠르게 지나며 솟구친다. 연속으로 찍어 합친 사진에서 태양의 움직임은 긴 궤적으로 표현됐다. 지평선에서는 붉은 기운을 띤 노란색이던 태양은 조금 떠올랐을 뿐인데 금세 밝아지며 하얗게 변했다.

따뜻한 이불의 유혹을 뿌리치고 조금만 부지런을 떨면, 우리가 일상을 보내는 도시에서도 가슴 뜨거워지는 일출을 볼 수 있다.

메에~ 메에~

나선팔이 마치 알을 품고 있는 것처럼 중앙의 핵을 감싸고 있다. 노랗게 보이는 핵 주위 팽대부는 다른 은하에 비해 비정상적으로 크고 비어 있는 부분이 많다. 양털 구름 같은 나선팔에는 수백만 개의 푸른 별이 밝게 빛나고 있고, 나선팔 사이를 검은 성간물질들이 파고들었다.
나선팔이 뚜렷이 구분되지 않고 몽글몽글한 양털 구름처럼 보이는 이런 종류의 은하를 '양털 나선은하'라고 한다. 나선은하의 30% 정도가 이런 형태다.

ESA/Hubble & NASA, J. Lee and the PHANGS-HST Team

넘치는 사랑

목성의 북극에 푸른 빛으로 반짝이는 고리가 여럿 나타났다. 대부분 오로라는 지구에서만 나타나는 것으로 알고 있지만 목성과 토성, 화성에서도 오로라가 관측된다. 이 가운데 가장 거대한 규모의 오로라는 당연히 가장 큰 행성인 목성에서 나타난다.

목성의 오로라는 거대할 뿐만 아니라 그 에너지도 지구의 오로라보다 수백 배 더 크다. 아마 목성에서 오로라를 본다면 온 하늘이 대낮처럼 환하게 빛날지도 모른다.

오로라는 태양풍에 실려 날아온 전자 또는 양성자가 행성의 자기장에 이끌려 들어와 대기 입자들과 충돌하며 빛을 내는 현상이다. 목성의 위성인 이오는 제우스의 '사랑'인 중력을 너무 많이 받은 탓에 화산 활동이 활발하다. 태양풍뿐만 아니라 이오가 화산 활동 중일 때 우주로 내뿜는 입자가 더해져, 목성에서는 거대한 오로라가 발생한다.

 NASA, ESA, and J. Nichols(University of Leicester)

지구는 어디에서나 돈다

이곳은 지구 어느 쪽 하늘일까? 여기가 북반구인지 남반구인지 귀띔해 줄 힌트가 사진에 있다. 첫 번째 힌트는 구름처럼 보이는 두 개의 천체다. 두 번째 힌트는 동그라미를 그리며 도는 별의 중심이다.

구름 혹은 솜뭉치처럼 보이는 두 천체는 남반구에서는 맨눈으로 볼 수 있지만 북반구에서는 볼 수 없는 대마젤란과 소마젤란 은하다. 그리고 별 궤적의 중심에는 북극성 같은 밝은 별이 없다. 이곳은 호주 북동부에 위치한 레이번(Leyburn)이다. 별보다 사람 구경하기가 더 힘든* 도시다.

이 한 장의 사진만으로는 알기 어렵지만, 시간을 두고 별의 움직임을 좀 더 지켜보면 찾을 수 있는 힌트가 밤하늘에 하나 더 있다. 별빛이 그리는 동심원의 방향이다. 남반구에서는 북반구와 반대로 별이 왼쪽에서 오른쪽으로 돈다.

---

* 2016년 호주 인구조사에 따르면, 우리나라 전주시(206.2km²)보다 조금 작은 레이번(187.9km²)에는 고작 476명의 사람이 살고 있다.

KIM DONGHOON

코스모스 레코드판

레코드판 일부를 확대한 것처럼 보이는 이 사진은 토성 고리다. 원반 형태의 토성 고리는 작은 것은 1cm 큰 것은 10m에 달하는 다양한 크기의 얼음으로 이루어져 있다. 주요 고리 너비는 약 7만km 두께는 최소 10m에서 최대 1km로, 너비와 비교하면 두께가 매우 얇다. 레코드판의 소리골처럼 생긴 홈은 고리를 이루는 재료가 희박한 곳으로 '간극'이라고 부른다. 천문학자 카시니(Giovanni Domenico Cassini)가 1675년 발견한 '카시니 간극'이 가장 유명하다.

너비가 약 4700km에 달하는 카시니 간극은 특이하게도 '공중망원경'으로 발견했다. 카시니는 30m 높이의 탑에 대물렌즈를 달아 놓고 지상에서 대물렌즈에 끈으로 연결된 접안렌즈를 들고 돌아다니며 밤하늘을 관측했다. 당시는 렌즈를 기다란 통속에 넣는 기술이 없던 때였다. 고된 관측이 원인이었을까? 말년에 카시니는 시력을 모두 잃었다.

별까지 가는 길

"지도에서 도시나 마을을 가리키는 검은 점을 보면 꿈을 꾸게 되는 것처럼, 별이 반짝이는 밤하늘은 늘 나를 꿈꾸게 한다. 그럴 때 묻곤 하지. 프랑스 지도 위에 표시된 검은 점에게 가듯 왜 창공에 반짝이는 저 별에게 갈 수 없는 것일까?

타라스콩이나 루앙에 가려면 기차를 타야 하는 것처럼, 별까지 가기 위해서는 죽음을 맞이해야 한다. 죽으면 기차를 탈 수 없듯, 살아 있는 동안에는 별에 갈 수 없다.

증기선이나 합승마차, 철도 등이 지상의 운송수단이라면 콜레라, 결석, 결핵, 암 등은 천상의 운송수단인지도 모른다.

늙어서 평화롭게 죽는다는 건 별까지 걸어간다는 것이지."

— 1888년 6월, 빈센트 반 고흐, 『반 고흐, 영혼의 편지』 중에서

343

우렁차게 신고합니다

푸른 광선검이 우주 공간을 가로지르며 길쭉하게 뻗어있다. 광선검의
실체는 성운 중간에 있는 별에서 뿜어 나온 제트다. 초속 300~600km
속도로 분출되는 제트는 길이만 약 2.6광년에 이른다. 엄청나게 빠르고
긴 광선검인 셈이다.

제트는 10만 년도 안 된 아기별이 태어날 때 양쪽으로 분출한 가스 흐
름이다. 엄마 배 속에서 나온 아기는 "응애! 응애!" 우렁찬 울음소리로
자신이 건강하게 태어났음을 알린다. 아기별도 강렬한 제트를 분출해
온 우주에 새로운 별의 탄생을 알린다.

ESA/Hubble & NASA, B. Nisini

rd night

히든 플레이스

붉게 칠한 캔버스에 검정 물감이 뚝뚝 떨어졌다. 캔버스 여기저기에 생긴 크고 작은 검은색 얼룩의 정체는 암흑성운이다. 암흑성운은 비밀을 하나 숨기고 있다. 얼룩 같은 검은 먼지 구름 안에서 새로운 별이 태어나고 있다는 사실이다.

만약 배경의 붉은색 성운이 없었다면, 암흑성운은 완벽하게 검은 우주 안으로 몸을 숨겼을 것이다. 필사적으로 감추려 한 것들이 주변에 의해 속수무책으로 드러날 때가 있다.

저 하늘 위에 사람이 있다

우주복을 입은 두 명의 우주비행사가 국제우주정거장의 태양광 패널을 업그레이드하기 위해 우주 유영에 나섰다. 우주인과 함께 잡힌 국제우주정거장의 일부는 이것이 아주 복잡하고 거대한 구조물이라는 것을 실감케 한다.

미국과 러시아 주도로 1998년부터 건설된 국제우주정거장은 현재 16개 모듈로 구성되어 있다. 길이 109m, 폭 73m, 무게 450t 규모로 우주에서 가장 큰 비행체다. 축구장 크기의 국제우주정거장은 지금도 시속 2만 7000km 속도로 지구 주위를 돌고 있다.

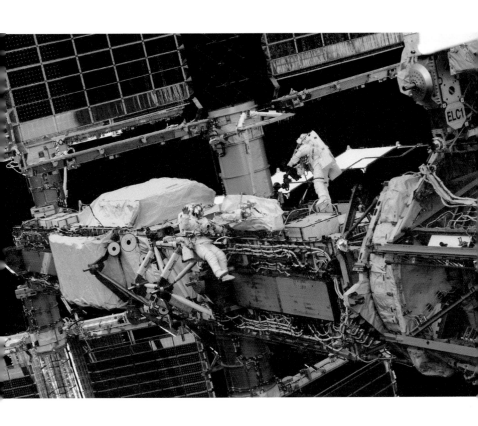

Waltz For You

왼쪽의 큰 나선은하 NGC 2207과 오른쪽의 IC 2163 은하가 만나 마치 춤을 추고 있는 듯하다. 두 은하는 겨울철 별자리인 큰개자리(Canis Major) 방향으로 1억 3000만 광년 떨어진 곳에 있다. 왼쪽 은하는 큰 중력으로 작은 은하의 별과 가스를 오른쪽으로 10만 광년 길이까지 흩뿌려놓으며 멋진 춤사위를 만든다. 두 은하의 춤은 수십억 년 후 두 은하가 하나가 되면 끝날 것이다. 춤은 끝나고 두 은하는 새로운 모습으로 바뀔 테지만, 그들은 그 속에 여전히 남아있을 것이다.

각자의 길

이 별 무리는 산개성단 NGC 2164다. NGC 2164는 우리 은하가 아닌 이웃인 대마젤란은하에 있다. 대마젤란은하는 우리 은하와 중력으로 묶인 위성 은하다. 여기에는 수십억 개의 별이 있고, 이 가운데 별이 불규칙하게 모인 산개성단은 700여 개다.

산개성단 내 별은 모두 하나의 성운에서 함께 태어난다. 하지만 시간이 흘러 수백만 년이 지나면 각자의 길을 찾아 흩어진다. 한 부모 아래 자식도 때가 되면 제 갈 길을 가는 건, 우주가 작동하는 원리를 따르는 것이다.

355   ESA/Hubble & NASA, J. Kalirai, A. Milone; CC BY 4.0

눈이 부시게

별들이 공 모양으로 모여 있는 구상성단은 중심으로 갈수록 별이 더 밀집해 있다. 50만 개의 별을 품고 있는 이 구상성단은 은하수 중심 가까이에 있다. 이곳에서는 두터운 성간 가스와 먼지 구름에 별빛이 가려지고, 별 색이 실제보다 더 붉게 보인다.

1광년은 빛이 쉬지 않고 1년 동안 날아가야 도달할 수 있는 거리다. 지금 우리가 보고 있는 별빛은 성간 가스와 먼지 구름을 뚫고 2만 5000년을 쉼 없이 날아온 것이다. 오랜 여행에 빛이 바랠 법도 한데 눈부시게 반짝인다.

긴 여행에도 지친 기색 없이 빛나는 별빛이 우리를 응원한다. 그러니까 당신도 반짝일 수 있다고.

지구는 둥그니까

사상 처음으로 우주선을 타고 달 궤도까지 다녀온 사람은 아폴로 8호에 탑승한 세 명의 우주인들이었다. 달로 향하는 도중에 그들은 완전히 동그란 구 형태의 지구를 인류 최초로 두 눈에 담았다. 그전까지 우주인들은 지구 근처 궤도까지만 올라갔었기 때문에, 지구 일부만 볼 수 있었다.

이 사진은 1968년 12월 22일 지구에서 3만km 떨어진 곳에서 촬영됐다. 사진 왼쪽 위에는 구름에 덮인 미국, 아래쪽에는 남아메리카 전역이 보인다.

40년 전 두 눈으로 똑똑히 확인한 진실에도 불구하고 아직도 지구가 평평하다고 믿고 이에 동조하는 사람들이 있다고 한다*. 그 어리석음은 어디서 비롯된 것일까?

* 2019년 '평평한 지구 국제 컨퍼런스(FEIC)' 참여자가 10만 명이 넘었으며,
  2020년에는 지구가 평평하다는 것을 입증해 보이겠다고
  손수 만든 로켓에 몸을 실은 미국인이 추락사하기도 했다.

내 마지막을 기억해주겠니

사진 왼쪽에서 푸른빛을 내뿜는 밝은 별은 갑자기 나타난 초신성이다. 초신성은 거대한 질량의 별이 죽음을 맞이하는 모습을 가리킨다. 별의 진화 단계 마지막에 이른 무거운 별은 격렬하게 폭발하며, 태양보다도 50억 배나 더 밝아지기도 한다. 폭발하면서 별을 구성하던 물질을 빛의 속도에 가까운 빠른 속도로 방출한다.

초신성을 발견하면 그 별까지의 거리를 알 수 있다. 폭발할 때 별의 밝기가 일정하기 때문이다. 그래서 초신성은 '우주 거리의 표준자' 역할을 한다.

th night

잠 못 드는 밤
별은 빛나고

몽골은 초원의 나라이기도 하지만 호수의 나라이기도 하다. 그래서 끝
없이 펼쳐진 초원을 달리는 동안 드넓은 호수를 자주 만난다. 몽골 북
부 위레그(Uureg) 호수의 아름다움에 반해 하룻밤 노숙을 하기로 했다.
자정이 지나자 은하수를 따라 가을 별자리가 하나둘 떠올랐다. 여행자
들은 몽골 보드카를 기울이며 별을 안주 삼아 밤새 이야기꽃을 피웠다.

KIM DONGHOON

예쁜 애 옆에 예쁜 애

사계절을 통틀어 밤하늘에서 가장 밝은 별 시리우스(Sirius)다. 밤의 장막을 뚫고 시퍼런 광채를 내뿜는 시리우스를 동양에서는 '하늘 늑대별'이라고 불렀다.

시리우스는 겨울밤을 대표하는 별자리인 큰개자리(Canis Major)에서 가장 밝은 별(알파별)이다. 지구에서 약 8광년 떨어져 있는데, 다른 별과 비교해도 상당히 가까이 있는 편이다.

눈으로 봐서는 알아챌 수 없지만, 사실 시리우스는 두 개의 별로 이루어진 쌍성이다. 밝은 별이 시리우스A, 그 아래 점처럼 보이는 작고 어두운 별이 시리우스B다. 시리우스B는 '죽은 별', '좀비 별'이라 불리는 백색왜성이다. 백색왜성은 핵융합 연료가 고갈된 뒤 천천히 식어가는 별이다. 시리우스 A와 B, 두 별은 50년을 주기로 서로 공전하고 있다.

 NASA, ESA, H. Bond(STScI), and M. Barstow(University of Leicester)

보이는 게 다가 아니다

길게 쭉 뻗은 칼날처럼 생긴 이 은하는 NGC 891의 옆모습이다. 은하핵을 가로지르는 긴 먼지대가 인상적이다. NGC 891은 우리가 볼 수 있는 게 옆면뿐이라 홀쭉해 보이지 실제로는 나선팔이 소용돌이치듯 휘감겨 있는 나선은하다.

3000만 광년 떨어진 이 은하까지 갈 기술이 아직 없으니, 이 은하를 영영 내려다볼 수 없을지도 모른다. 나선은하에 속하는 우리 은하의 옆모습도 이와 비슷할 것이다. 우주 어딘가에서는 우리 은하가 '홀쭉이 은하' '칼날 은하'로 불리지 않을까?

어둠의 깊이를 증명하라

2012년 11월 호주 레이번의 밤하늘이다. 이곳 하늘이 얼마나 어두웠는지 증명해줄 현상이 사진에 찍혔다. 바로 '게겐샤인(gegenschein)'이다. 행성이나 소행성은 태양 주위를 원반 모양으로 돈다. 이들과 함께 1mm가 안 되는 아주 작은 먼지 입자들도 태양 주위를 돈다. 먼지 입자들은 46억 년 전 태양계가 생겨날 때 행성과 소행성을 만들고 남은 부스러기들이다. 이 중 태양 반대편에 있는 먼지 입자가 태양 빛을 반사해 빛나는 현상이 게겐샤인이다.

게겐샤인은 달빛도 은하수도 없는 아주 어두운 하늘이라야 볼 수 있다. 그리고 아주 희미한 빛이라서 사진을 찍어야지만 겨우 포착해 낼 수 있다. 오직 이 세상에 별과 나만 존재한다고 생각될 만큼 어둡던 밤하늘에서 빛나는 우주 먼지를 보았다.

369

여명을 뚫고 우주로

우주왕복선 챌린저(Challenger)호가 1984년 10월 5일 새벽의 여명을 뚫고 힘차게 솟아오르고 있다. 우주왕복선의 13번째 임무를 수행하기 위해 지금까지 단일 우주선에 승선한 인원 중 가장 많은 일곱 명의 우주인을 태우고 발사했다. 두 명의 여성 우주비행사가 포함된 최초의 비행이었고, 캐나다 최초의 우주비행사도 함께했다. 설리번(Kathryn D. Sullivan)은 이 비행에서 미국 여성 최초로 우주 유영을 했다. 많은 도전과 함께한 챌린저호는 지구 궤도를 132번 돌고 8일 후에 무사히 지구로 귀환했다.

NASA

두 우주의 만남

잔잔한 호수에 은하수가 내려온 밤하늘이 비친 걸까? 사진은 북반구 밤하늘에 떠오른 은하수와 남반구 밤하늘에 떠오른 은하수를 연결한 것이다. 북반구와 남반구 하늘을 잇기 위해 두 명의 사진작가는 적도에서 29도 떨어진 같은 위도에 있는 북반구와 남반구 천문대에서 사진을 찍었다. 위쪽 북반구 밤하늘은 겨울 은하수가, 아래쪽 남반구 밤하늘에도 겨울 은하수가 관통하고 있다. 중앙에서 솟아오르는 밝은 빛 기둥은 황도광이고, 그 안에서 반짝이는 별은 금성이다.

외모지상주의에 빠진 천문학자?

관측 가능한 우주 안에는 은하가 1000억 개 이상 있다. 무량한 은하를 분류하는 제일 중요한 기준은 '외모'다! 1926년 에드윈 허블은 은하 중앙의 별이 모여 있는 팽대부 크기와 나선팔이 감긴 정도, 이 두 가지 특성으로 은하를 분류하는 기준을 제안했다. 허블 분류법에 따라 은하는 크게 나선은하, 타원은하, 불규칙 은하로 구분한다. 기준이 너무 편협한 거 아니냐고 딴죽 걸 수 없는 게, 은하의 겉모습은 은하의 물리적 특성과 관련이 있다.

사진 속 은하는 어떻게 분류해야 할까? 중앙은 나선은하 모양이지만, 은하핵에서 멀어질수록 나선팔이 흩어지며 흐려진다. NGC 4680은 이도 저도 아닌 생김새 때문에 분류하기 까다로운 은하다. 이 은하는 시간이 지나면 중앙의 나선팔 구조마저 희미해지다가 결국에는 둥그런 타원은하로 변할 것이다.

우주 어느 곳도 현재에 머무는 시간은 없다. 시간은 끊임없이 새로워지기를 재촉하는 혁신가다.

ESA/Hubble & NASA, A. Riess et al.

잉카의 별자리

문명이 시작되기도 전인 까마득한 옛날부터 인류는 밤하늘을 관찰했다. 밤하늘에 가득한 별 중 가까운 것을 이은 다음 그 형태에 따라 떠오르는 물건이나 동물 이름을 붙여 별자리를 만들었다. 여기에 신화와 전설이 덧붙여지며, 밤하늘은 풍성한 이야기로 넘쳐났다.

남반구 하늘에서 만나는 은하수는 무척이나 밝다. 심지어 은하수가 만든 그림자를 보았다는 사람도 있다. 잉카인들은 은하수 안에 별자리를 만들었다. 특이하게도 밝은 별들을 이어 별자리를 그린 게 아니라 은하수에서 검게 보이는 부분을 별자리로 만들었다. 두꺼비, 뱀, 검은 라마, 여우, 파트리지(꿩과의 작은 새) 그리고 유일한 사람인 목동 별자리가 있다. 이 별자리들을 찾아 은하수를 하염없이 바라보고 있자니, 오래전 잉카인들이 밤하늘을 올려다보고 나누었던 이야기가 들리는 것 같다.

KIM DONGHOON

어디서 온 빛인가?

거인 아틀라스에게는 딸이 일곱 있는데, 이들을 플레이아데스라고 한다. 시시포스와 결혼한 메로페만 빼고 플레이아데스는 모두 신과 결혼했다. 나중에 자매 모두 밤하늘의 별이 되었는데, 유독 메로페 별만 다른 별에 비해 희미하다. 남편 시시포스가 무거운 바위를 끊임없이 산 정상으로 올려야 하는 형벌을 받는 게 마음이 아파 그렇다고 한다.

어둠에 묻혀 있던 성운이 모습을 드러내는 것은 주변에 밝은 별이 있을 때를 전제로 한다. 플레이아데스 성단에서 가장 어두운 별인 메로페 주위에 있는 성운도 그렇게 등장했다.

별은 한 곳에 고정되어 있지 않고 대부분 움직인다. 그러니 메로페가 통과하면서 성운에 선사한 빛도 영원하지 않을 것이다. 지금 나를 반짝이게 하는 빛이 혹시 다른 사람에게서 온 것은 아닌지 항상 살펴볼 일이다. 세상에 당연한 희생은 없다.

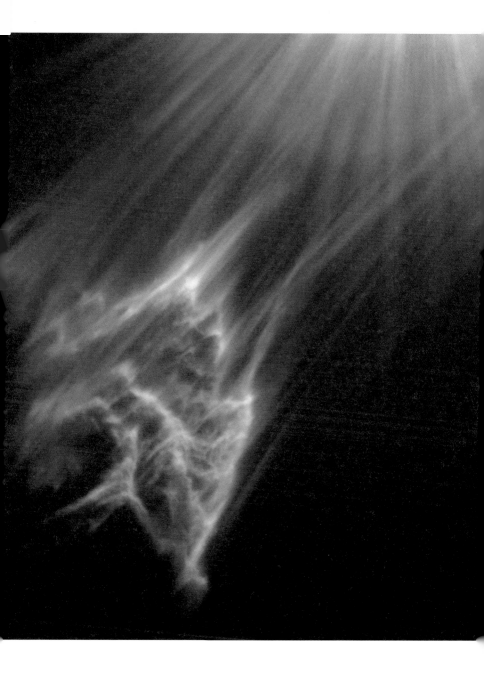

혼돈이 빚은 무늬

태양계에서 가장 큰 행성인 목성의 대기는 복잡하면서 미묘한 아름다움으로 탄성을 자아낸다. 지구보다 질량은 318배, 지름은 11배나 큰 이 거대 행성은 자전 시간이 9시간 55분 30초에 불과하다. 빠른 속도로 도는 목성 대기는 얽히고설키며 혼돈 속에 있는 것처럼 보인다. 목성 대기는 주로 수소와 헬륨으로 이루어져 있지만, 미량으로 섞여 있는 다양한 화합물들에 의해 오묘하게 빛난다.

NASA/JPL–Caltech/SwRI/MSSSImage processing by Prateek Sarpal

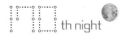

Hola!

사진 속 은하는 지구에서 처녀자리(Virgo) 방향으로 3100만 광년 떨어진 곳에 있는 M 104이다. 아름다운 은하 순위에서 빠지는 법이 없으며, NASA 50년 역사를 상징하는 대표 사진 5위에 이름을 올린 유명한 은하다.

M 104라는 특색 없는 이름 대신 '솜브레로 은하'라는 이름으로 더 많이 불리는데, 챙이 넓은 멕시코 전통 모자인 솜브레로와 닮아 붙여진 이름이다. 모자챙에 해당하는 부분의 너비만 약 5만 광년에 달한다. 밝은 흰색의 핵과 이에 대비되는 두껍고 어두운 먼지 띠가 인상적이다. 솜브레로 은하는 아마추어 망원경으로도 그 모양을 확인할 수 있을 정도로 크고 밝다.

 st night

스테판의 5중주

다섯 개의 은하가 서로 어울려 춤이라도 추는 걸까? 스테판의 5중주. 저마다 가슴속에 품고 있는 아름다운 선율을 떠올리게 하는 이 이름은, 1877년 다섯 은하를 처음 관측한 프랑스 천문학자의 이름(Édouard Stephan)에서 따온 것이다. 중간의 두 은하는 탱고를 추는 듯 몸놀림이 경쾌하다.

다섯 은하는 엄밀히 따져 함께 있는 건 아니다. 왼쪽 가장 위에 있는 은하는 다른 네 개의 은하보다 지구와 7배나 가까이 있다. 우연히 다섯 개의 은하가 같은 시선 방향에 있어 그렇게 보일 뿐이다. 보이는 모든 것을 그대로 믿지 마라. 우리는 언제든 틀릴 수 있고, 잘못 볼 수 있고, 잘못 생각할 수 있다.

줄 세우기

태양계 행성이 태양과 가까운 순서는 수성-금성-지구-화성-목성-토성-천왕성-해왕성이다. 그러면 행성의 크기순은 어떨까?

지구와 크기가 비슷해 쌍둥이처럼 보이는 것이 금성이다. 지구 앞에 있는, 그 절반 정도 크기의 행성이 화성이다. 화성 오른쪽에 좀 더 작은 게 수성이다. 그 옆의 달은 수성보다 작다.

화성 너머 행성들은 가스로 되어있는데 크기가 갑자기 확 커진다. 토성보다 조금 큰 목성은 지구보다 11배 크고, 그 앞의 천왕성과 해왕성은 비슷한 크기로 나란히 서 있다.

태양과 크기를 비교하려고 행성들을 배열하고 보니 나머지 행성들이 엄청나게 작아진다. 우리가 사는 지구는 태양 앞에서 콩알만 해 진다. 이렇게 비교해보니 지구가 최고는 아니다. 하지만 유일하다. 생명이 있고 사람이 살 만한 태양계에서 하나뿐인 행성이다.

청춘의 별

석호 성운을 적외선으로 촬영한 사진이다. '별들의 산부인과'라는 별칭에서 짐작할 수 있듯, 이곳에서는 많은 별이 태어난다. 이곳에서 태어난 수천 개의 별은 나이가 불과 수백만 년밖에 안 된 어린 별들이다.

어린 별들은 그 힘을 주체하지 못하고 왕성히 활동하며 거대한 플레어를 분출하기도 한다. 이 중에는 지금까지 지구에서 관측한 가장 강력한 플레어보다 10만 배 이상 에너지 방출량이 많은 플레어도 있다. 어린 별들이 내뿜는 플레어는 별 주변에 있는 행성이 형성되는 데 도움이 되기도 하지만, 행성의 대기를 파괴하기도 한다. '청춘'이라는 인생의 한 시기를 통과하는 인간도 비슷하다. 주체할 수 없을 정도로 넘치는 에너지는 종종 방향을 잃고 자기 파괴적으로 흘러간다.

X-ray: NASA/CXC/Penn State/K. Getman, et al; Infrared: NASA/JPL/Spitzer

2등이지만 괜찮아

아폴로(Apollo) 11호에 탑승한 우주인들은 인류 최초로 달에 착륙해 발자국을 남겼다. 인간이 지구 이외 천체에 남긴 최초의 발자국이자, 당시 과학기술이 이룩한 놀라운 업적 중 하나다.

착륙선을 타고 달에 내린 닐 암스트롱과 버즈 올드린 중 달에 먼저 발을 디딘 사람은 암스트롱이다. 올드린은 암스트롱보다 먼저 달에 내려가고 싶었다. '최초'라는 타이틀을 달고 싶었기 때문이다. 달로 떠나기 전에 NASA 상부에 건의도 해보았다. 하지만 달 착륙선의 좌석 배치상 암스트롱 쪽에서 먼저 나갈 수밖에 없어 포기해야 했다.

많은 사람이 달에 인류가 남긴 첫 발자국으로 기억하는 이 사진! 그러나 사진 속 발자국의 주인공은 암스트롱이 아닌 올드린이다.

"아무도 2등은 기억하지 않는다." 한 기업이 광고에 사용해 유명해진 말이다. 과연 그럴까? 모두가 기억하는 사진의 주인공은 평생 '두 번째 사람(second man)'으로 불린 올드린이다.

391

별이 머물다 간 자리

여름 밤하늘 거문고자리(Lyra)에서 볼 수 있는 가장 유명한 성운이다. 호수를 닮은 성운 중심부에서 별 하나가 반짝인다. 생의 막바지에 다다른 별이다. 고리성운은 이 작은 별의 잔해다.

78억 년 후, 우리 태양도 종국에는 이런 모습일 것이다. 태양은 중심핵의 수소를 다 태우고 나면 부풀어 오르며 바깥층에 있던 물질을 하나둘 우주 공간으로 날려버릴 것이다. 쪼그라든 태양이 내뿜는 강한 자외선이 태양 부스러기들을 비추면, 한때 태양의 일부였던 가스와 먼지들은 다시 아름답게 빛날 것이다. 그리고 얼마나 긴 시간이 걸릴지 모르지만, 우주를 떠도는 태양 잔해를 거름 삼아 새로운 별이 태어날 것이다.

겨우 100년 남짓 사는 인간이 헤아리기에 우주의 시간은 너무나 길다. 하지만 영겁의 시간을 훌쩍 뛰어넘은 미래의 모습이 현재 우주 곳곳에 존재한다.

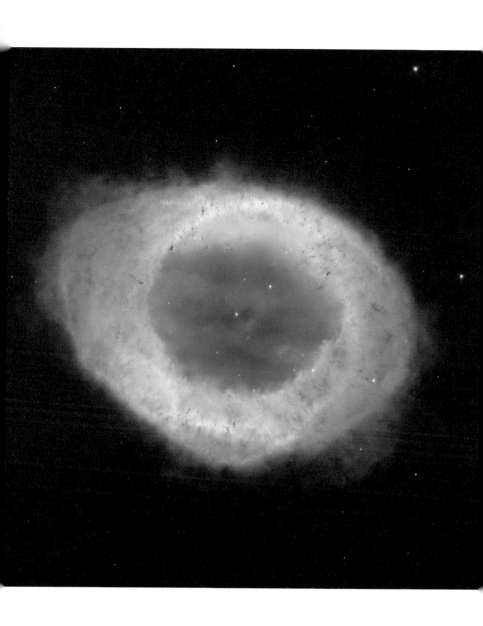

NASA, ESA, and C. Robert O'Dell(Vanderbilt University)

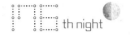 th night

우주의 등대

별은 생애에 걸쳐 밝기가 변한다. 별의 밝기 변화를 관찰하려면 수백만 년 넘는 긴 시간이 필요하다. 인간이 엄두를 낼 수 없는 시간이다. 그런데 고맙게도 며칠 또는 몇백 일을 주기로 밝기가 변하는 별이 있다. 이런 별을 '변광성'이라고 한다.

고물자리(Puppis)의 RS별은 약 40일을 주기로 밝기가 변하는 세페이드 변광성이다. 천문학자들은 세페이드 변광성을 통해 우주의 거리를 측정한다.

RS별의 밝기에 따라 주변 성운은 더 밝아지거나 어두워지기를 반복하며 우주를 더 아름답게 물들인다.

세 개의 초승달이 뜨는 밤

토성의 밤하늘에 세 개의 초승달이 한꺼번에 떴다. 지구는 위성이 달 하나뿐이지만, 토성은 확인된 위성만 해도 83개나 된다. 위성 부자인 토성 밤하늘에는 간혹 이렇게 신비로운 풍경이 펼쳐진다.

가장 큰 초승달은 토성의 위성 가운데 가장 큰 타이탄이다. 타이탄에는 질소가 풍부한 두터운 대기층이 있다. 대기의 영향으로 윤곽이 흐릿하게 보인다. 타이탄 왼쪽 위로 뜬 초승달은 토성에서 두 번째로 큰 위성인 레아다. 얼음과 암석으로 이루어진 레아는 표면에 크고 작은 크레이터가 많아 지구의 달처럼 울퉁불퉁하게 보인다. 맨 아래 보일락 말락 차오른 초승달은 미마스다.

천국으로 가는 계단

거대한 X자 모양의 이 천체는 우리 은하계에서 형태가 가장 특이한 성운 가운데 하나다. 중앙에 있는 수명을 다한 별이 가스와 먼지를 날려 사다리 같은 모양을 만들었다. 별이 생의 끝자락에 완성한 '인생 역작'인 셈이다. 계단처럼 보이는 층들은 중심별에서 계속해서 물질이 흘러나오고 있다는 증거다. 하늘로 향하는 계단을 쌓으려 별은 자신의 모든 것을 탈탈 쏟아붓고 있다. 별이 사력을 다해 만든 성운을 보며, 내 생애 마지막까지 이루고 싶은 것은 무엇일까 생각해 본다.

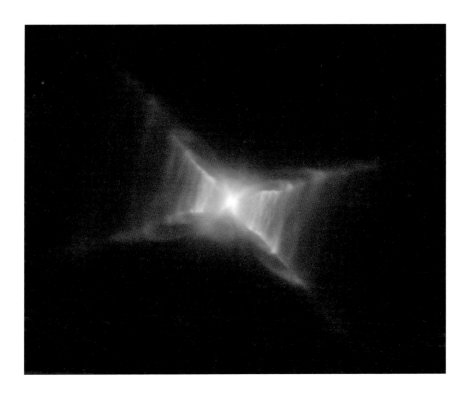

NASA/ESA, Hans Van Winckel(Catholic University of Leuven,
Belgium) and Martin Cohen(University of California)

 th night

더불어 더 좋은

은하 중심에서 나온 나선팔이 격렬하게 휘어지며 아름다운 S자 모양을 만들었다. 나선팔을 따라가면 푸른색의 젊은 별 무리가 사는 지역이 나온다. 군데군데 빨간색으로 보이는 성운에서 새로운 별들이 태어나고 있다.

별들은 모두 은하를 보금자리로 서로 기대어 살아간다. 인간도 마찬가지다. 온 우주에 홀로 존재할 수 있는 것은 없다. 내 옆의 누군가는 이미 빛나는 별이다.

제우스의 번개

번개는 수분을 재료로 만들어진다. 구름 안에는 작은 물방울이나 얼음이 들어있는데, 이들이 움직이거나 부딪치면 전하가 발생한다. 구름에 축적된 전하가 방전되면서 순식간에 발생하는 거대한 전류 흐름이 번개다.

번개는 제우스를 상징하는 무기다. 제우스는 번개를 내리쳐 신과 인간의 잘못을 응징한다. 제우스의 행성인 목성에도 번개가 친다. 목성은 지구 이외에 번개가 치는 것이 발견된 최초의 행성이다. 1979년 보이저 1호가 처음으로 그 흔적을 감지했다. 탐사선 주노가 수집한 정보에 따르면 목성 대기 분자의 0.25%가 수분이다.

지구와 달리 목성은 극지방에서 번개가 더 많이 관측된다. 제우스의 노여움이 얼마나 컸던지 극지방에서 포착한 번개는 마치 폭풍처럼 보인다.

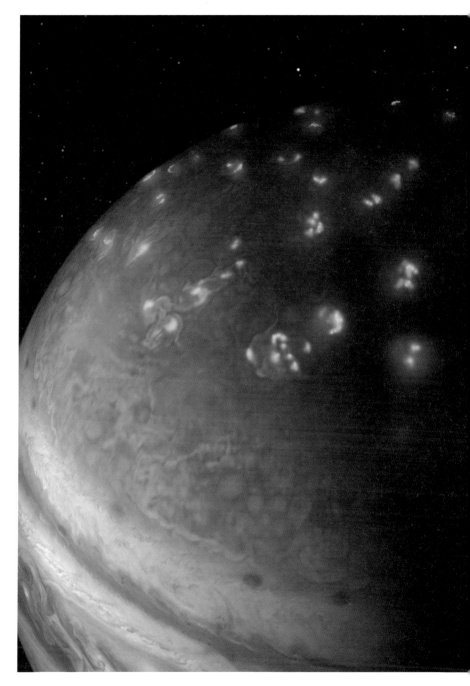

403

천체의 눈

우리가 우주를 인지하는 데 가장 큰 힘을 발휘하는 감각은 시각이다. 밤하늘의 셀 수 없이 많은 별을 두 눈에 담으며 우주의 무한함을 느낀다. 망원경이 여기에 힘을 보태, 이제 우리의 시야는 상상할 수 없을 정도로 넓어졌다.

2021년 12월 25일 제임스 웹 우주망원경이 발사되었다. '골든 아이'로 불리는 웹 우주망원경의 주거울 지름은 허블우주망원경(2.4m)의 2.7배다. 허블보다 빛을 6.25배 더 많이 모으고 시야각은 15배 이상 넓다. 웹 우주망원경은 허블보다 더 깊은 우주 소식을 들려줄 것이다.

인류가 이제껏 경험한 적 없는 넓고 깊은 우주를 보는 시대를 사는 우리는 모두 행운아다. 우리를 응시하는 우주의 거대한 눈동자를 마주 보며, 인류는 더욱더 깊은 우주로 빨려 들어갈 준비를 끝냈다.

우주 먼지 조각품

오리온자리(Orion) 성운 속에 자리 잡은 이 멋진 조각작품의 재료는 우주 공간의 먼지와 가스다. 바람이 불면 금방 날아갈 듯한 재료를 자유자재로 다룬 조각가는 아기별들이다. 이곳 성운에서 태어난 별들이 뿜어내는 바람과 방사선이 예리한 조각도가 되어, 정교한 조각품을 만들었다. 작품명은 <원숭이 머리 성운(NGC 2174)>.

별을 향해 열린 창

창문을 열기도 전에 별이 먼저 쏟아져 들어온다. 닫힌 창문이 만든 캔버스에 반짝이는 별이 그림을 그린다. 창문을 열면 별과의 경계는 사라지고, 빛으로 그린 그림 속으로 걸어 들어갈 수 있다. 상상이 아닌 지구상에 실재하는 곳이다.

커튼을 젖히고 창밖을 보라. 지금도 나의 창에는 별이 하나 반짝이고 있다. 별은 바라보는 자에게만 반짝임을 던진다.

하늘 일주

시간과 손 붙들고 궤적을 그리는 별의 움직임을 기록한 사진이다. 완만한 곡선으로 이어진 촘촘한 별길 사이에 원형 안테나가 반대편 하늘을 거울처럼 비추고 있다.

배경의 별들은 오른쪽에서 왼쪽으로 움직였고, 북쪽 방향에서 흘러간다. 우리가 있는 북반구에서 별은 이와 반대방향으로 움직이고, 남쪽에서 흐른다.

남반구에서 별의 움직임이 다른 이유는 남반구가 북반구에 대해 거꾸로 서 있기 때문이다. 밤하늘의 별뿐만 아니라 해와 달도 북반구와 남반구가 다른 방향으로 움직인다. 거꾸로 보면 눈앞에 보이는 것들이 지금까지 내가 옳다고 여긴 것과 정반대일 수도 있다.

 th night

빛의 바다에서 건진 달

해가 뜨기 30분 전. 동쪽 하늘에 어둠이 물러가고 막 떠오르는 태양 빛
이 하늘을 메우기 시작할 무렵 서울 마포 하늘에서 아주 가녀린 모습
의 달을 겨우 찾아냈다. 월령 28일의 그믐달이다. 달 전체의 겨우 2%
만 빛난다. 그래서 찾기 힘들고, 헤매다 보면 여린 달빛이 어느새 떠오
른 태양 빛에 묻히는 경우가 다반사다.
삭을 하루 앞둔 달은 1년에 한 번 보기도 어렵다. 하지만 그 모습을 한
번이라도 본다면 기억 속에서도 이별하기 힘든 달이다.

413

세 왕이 만났을 때

천문대 하늘 위로 밝은 별 세 개가 모였다. 가장 빛나는 것은 달이다. 달은 밤하늘에서 가장 밝은 천체다. 두 번째로 밝게 빛나는 천체는 금성이다. 태양계 두 번째 행성인 금성은 행성 가운데 가장 밝게 보인다. 세 천체가 그리는 삼각형의 맨 아래쪽에 있는 것은 목성이다. 목성은 태양계 행성 중 최대 크기를 자랑한다. 각 분야에서 으뜸인 세 별이 모이는 현상은 흔치 않다. 매일 밤 잊지 않고 밤하늘을 올려다보는 별 지기들만 만날 수 있는 선물 같은 광경이다.

별을 따라가는 구름

별빛 촘촘한 밤하늘에 작은 구름 조각이 떠 있다. 밤하늘에 웬 구름이지? 언뜻 시간이 지나도 흘러가지 않고 별들 사이에 고정된 것처럼 보인다. 조금 더 지켜보니 구름은 별과 같은 방향으로 움직인다.

사실 이 빛 뭉치들은 구름이 아니라 남반구 밤하늘에서 볼 수 있는 대마젤란과 소마젤란 은하다. 두 은하를 구름으로 착각한 건 우리가 처음은 아니다. 16세기에 세계 일주 중이던 탐험가 마젤란(Ferdinand Magellan)과 그 일행들도 남반구 하늘에서 두 은하를 처음 보고는 '희미한 별들의 구름'이라고 묘사했다.

대마젤란은하는 지구에서 가장 가까운 은하인데, 빛의 속도로 달려가도 16만 년이나 걸릴 만큼 멀리 떨어져 있다. 그러나 별빛은 짧은 눈 맞춤 그 하나로도 우리를 헤아릴 수 없이 먼 우주로 데려간다.

녹색 섬광

태양이 지거나 떠오를 때는 붉게 보인다. 드물지만 태양에 이질적인 색이 섞여들 때가 있다. 바로 '그린 플래시(Green Flash)'라는 이름의 녹색 섬광이다.

해 질 무렵에는 태양 빛이 지평선 부근으로 비스듬하게 비춰 대기권을 길게 지나게 된다. 이때 파장이 짧은 파란색 빛은 대부분 대기권에 흡수되고, 파장이 긴 빨간색 빛만 살아남아 우리 눈에 도착한다. 그런데 때로 대기 상태가 좋으면, 태양 꼭대기에 녹색의 띠가 나타난다. '섬광'이라는 이름처럼 지속 시간은 약 1초 정도에 지나지 않는다.

사진에는 무려 두 개의 녹색 섬광이 층을 이루며 겹쳐져 있다. 책을 펼치면 언제고 녹색 섬광을 볼 수 있는 여러분은, 운이 아주 좋은 사람이다.

우리 은하에서 가장 붐비는 곳

허블우주망원경이 우리 은하 중심부를 촬영한 사진이다. 이 사진에
50만 개 이상의 별이 담겨 있다. 이곳에 가려면 지구에서 우주선을 타
고 2만 7000광년을 여행해야 한다. 우리 은하에서 별들이 가장 빼곡히
모여있는 이곳은 태양 주변보다 별이 100만 배나 많다. 만약 이곳에서
밤하늘을 올려다본다면, 별빛에 눈이 부셔 눈을 제대로 뜰 수 없을지도
모른다.

100만 개의 별이 있다면, 거기에 딸린 수많은 행성 어딘가에 외계인도
살고 있을 테지. 100만 개의 별과 이웃한 이들에게 '여행'이란 우주선
을 타고 다른 별로 가는 것이리라.

 NASA, ESA, and Hubble Heritage Team(STScI/AURA, Acknowledgment: T. Do, A.Ghez(UCLA), V. Bajaj(STScI)

토성이 가장 아름다울 때

허블우주망원경이 1996년에서 2000년까지 토성 모습을 담은 사진이다. 왼쪽 아래가 1996년이고, 오른쪽 맨 위가 2000년으로 토성의 남반구가 하지(夏至)에 가까워 햇볕을 많이 받는 때다. 이즈음이 토성의 고리가 가장 잘 보이는 때이기도 하다.

태양계 여섯 번째 행성인 토성은 약 29.5년의 공전주기에 걸쳐 고리 기울기가 변한다. 즉 14.7년에 한 번은 고리가 가장 넓고 밝게 보인다. 최근 토성이 하지였을 때가 2017년이었으므로, 2032년이 되어야 다시 토성 고리를 가장 잘 볼 수 있다.

다행인 것은 우리가 이 아름다운 장면을 일생에 단 한 번만 볼 수 있는 게 아니라 적어도 몇 번은 더 마주할 수 있다는 점이다. 이마저도 모르고 살면 평생 못 보고 지나칠 수도 있지만 말이다.

 NASA and The Hubble Heritage Team(STScI/AURA)·Hubble Space Telescope WFPC2·STScI-PRC01-15

예외 없음

짙은 파란색 위에 분홍색을 얹은 고운 색깔 띠가 좌우로 넓게 펼쳐져 있다. '비너스 벨트'라는 이름의 이 색깔 띠는 맑은 날, 공기가 맑은 곳에서 더욱 선명하게 나타난다. 해가 지거나 뜨기 전, 태양의 반대편 하늘에서 볼 수 있다.

비너스 벨트 아래 있는 파란색 띠는 지구 그림자가 대기에 드리워진 것이다. 지구에도 그림자가 있었던가? 태양이 지구를 비추니까 지구도 그림자가 있어야 마땅하다. 자연의 법칙에는 예외가 없다.

우주에 닿다

천문대 뒤로 별이 빼곡한 밤하늘이 펼쳐져 있다. 남반구 하늘을 대표하는 천체인 에타 카리나(Eta Carinae) 성운이 꽃처럼 붉게 빛난다.

세 대의 망원경은 먼 우주를 향하고 있지만, 우리의 시선 방향에서 천문대는 이미 우주에 닿아 있다. 저 별빛들은 찰나의 만남을 위해 얼마나 오래전, 얼마나 먼 곳에서 출발했을까? 감히 헤아릴 수 없는 시간과 공간이 천문대 뒤로 펼쳐져 있다.

우리를 둘러싼 시공간도 마찬가지다. 천문대에 가야만 우주에 더 가까이 닿을 수 있는 건 아니다. 우리는 이미 우주 안에 있다.

남반구 별밤의 하이라이트

천문대 위로 떠오른 파란색의 밝은 별과 검은색 또는 빨간색의 성운은 남반구에서만 누릴 수 있는 별밤의 보석들이다. 왼쪽의 밝은 별 두 개는 리겔 켄타우로스와 하다르다. 그 오른쪽으로 남반구의 상징인 남십자성이 앙증맞게 떠 있다. 남십자성 왼쪽 아래에 숯 칠한 것 같은 검은색의 석탄자루 성운이 붙어 있고, 오른쪽 아래에 있는 붉은빛 덩이가 에타 카리나 성운이다.

우물에 빠진 하늘과 바람과 별과 시

산모퉁이를 돌아 논가 외딴 우물을
홀로 찾아가선 가만히 들여다봅니다.
우물 속에는 달이 밝고
구름이 흐르고 하늘이 펼치고
파아란 바람이 불고 가을이 있습니다.
그리고 한 사나이가 있습니다.

— 윤동주, 「자화상」 중에서

사나이가 들여다본 우물이 이러했을까? 왼쪽 위에서 오른쪽 아래로 가로지르는 건 우리 은하다. 그 왼쪽에 있는 흰색 솜뭉치들은 대마젤란, 소마젤란 은하다. 오른쪽에 홀로 빛나는 행성을 지나가는 희미한 빛의 띠는 황도광이다. 왼쪽과 오른쪽 지평선 위로 올라온 녹색과 빨간색은 대기광이다. 천문대에서 쏘아 올린 노란색 빛은 레이저 광선으로, 별을 선명하게 촬영하기 위한 보정 도구다.

시간이 알려준 것

검은 구름 속에서 얇은 손톱처럼 얼굴을 내민 천체는 태양이다. 태양이 이렇게 얇게 보이는 이유는 달이 태양을 가리는 일식이 일어났기 때문이다.

호주 캔버라로 개기일식을 보러 갔다가 구름의 방해로 완전히 가려진 태양을 보지 못했다. 일식을 보려고 들인 시간과 돈, 이동한 거리까지……. 이날의 관측 실패는 두고두고 아쉬움으로 남았다.

그러나 시간이 많이 흘러 이 사진을 다시 보자, 이 순간도 의미 있는 찰나였다는 생각이 들었다. 사진에는 일식의 하이라이트인 코로나도 다이아몬드 링도 없지만, 지금껏 본 적 없는 아련한 분위기의 태양이 있다. 완전하지 않아도 충분히 아름다울 수 있다. 시간이 알려준 사실이다.

KIM DONGHOON

비밀은 없다

2014년 10월 23일 촬영한 태양에 나타난 거대한 흑점이다. 흑점의 크기는 12만 8700km로 목성보다 조금 작다. 여기에 지구를 늘어놓으면 나란히 10개 정도 놓을 수 있다. 면적은 지구를 14개 집어넣을 수 있는 만큼 넓다.

흑점은 태양 활동이 활발할 때 많이 나타나는데, 11년 주기로 많아졌다가 적어지기를 반복한다. 지금까지 기록된 가장 큰 흑점은 1947년 4월에 나타났다. 사진의 흑점보다 무려 세 배나 컸다고 한다.

지구보다 109배 큰 태양도 자신의 상태를 숨기지 못하고 이렇게 만천하에 드러내 놓는데, 태양보다 엄청나게 작은 인간이 무언가를 완벽히 감출 수 있다고 착각하며 산다.

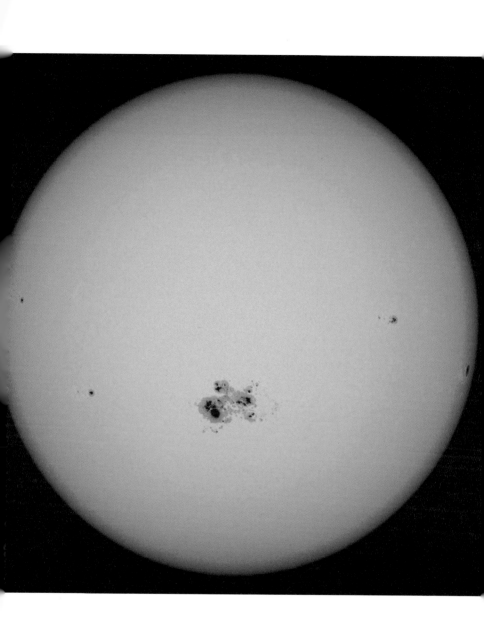

성운 트리오

은하수에는 별만 가득할 것 같지만, 별 말고 또 다른 거주민도 있다. 별 사이사이에 숨어 있거나 빛나는 성운이다. 성운은 먼지, 가스 등으로 이루어진 천체다. 구름처럼 퍼져 보여서 별 구름, 성운이라고 부른다. 여기 여름철 은하수 속에 성운 세 개가 나란히 줄지어 있다. 왼쪽이 그리스 문자 오메가(Ω)를 닮은 오메가 성운, 중앙이 독수리 성운, 오른쪽이 샤플리스 2-54다. 세 성운이 붉은색으로 아름답게 빛날 수 있는 건 그들이 내부에서 만든 별빛 때문이다.

집사가 돼줄 고양?

'고양이 발바닥'이라는 재미있는 이름의 이 성운은 영국 천문학자 존 허셜이 남아프리카 공화국에서 별을 관찰하던 1837년에 처음 발견했다. 전갈자리(Scorpius)에서 보름달보다 약간 큰 하늘 면적을 차지하고 있다. 지구에서 5500광년 떨어져 있는 고양이 발바닥 성운은 우리 은하계 내에서 가장 활발히 별을 만들어내는 지역 중 하나다.

사람에 따라서는 '곰 발톱 성운'이라고도 부른다. 원래 우주 자체에는 이름이 없으므로, 어떻게 부르든 존재 자체가 변하는 건 아니다.

한입 베어 물고

여름밤을 장식하는 가장 유명한 성운 중 하나인 M27이다. '아령 성운' 이라고 불리지만, 실제로 망원경으로 보면 야무지게 베어먹고 심만 남은 사과처럼 보인다.

은하수에 있는 많은 다른 성운과 달리, 별이 죽어 가면서 만들어진 성운이다. 성운 중심에 있는 별이 흩어지는 속도로 유추해 본 성운의 나이는 1만 년 정도다.

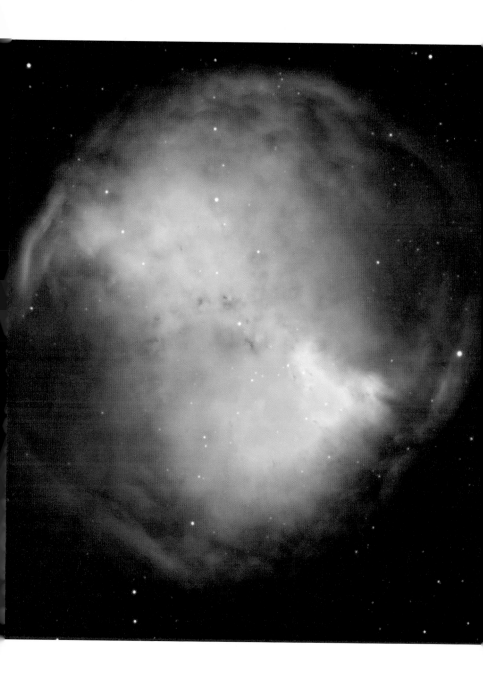

ESO/I. Appenzeller, W. Seifert, O. Stahl, M. Zamani

아프로디테의 보석

여신이 흘린 브로치인가? 신록의 싱그러운 생명력을 품은 에메랄드는 아프로디테를 상징하는 보석이다. 그녀의 드레스를 장식했음 직한 초록빛 보석이 밤하늘에 나타났다. 가장자리로 밀려날수록 얇은 껍질을 두른 듯한 모양마저 신비롭다. 에메랄드를 닮은 이 신비로운 천체는 IC 1295로 방패자리(Scutum)에 있는 행성상 성운이다.

행성상 성운은 동그란 모양이 행성처럼 보인다고 해서 붙여진 이름이지만, 사실 행성과는 아무런 관련이 없다. 별이 긴 생의 마침표를 찍으며 외부로 자신을 이루던 물질을 날려버리면서 만들어진 성운이다.

보석을 얻겠다고 땅을 파헤쳐 지구를 황폐하게 만들 이유가 없다. 세상 모든 아름다움을 품고 있는 우주는, 밤하늘을 올려다보는 이에게 언제든 가장 찬란한 보석을 내어준다.

별은 사랑을 말하지 않는다

초판 1쇄 발행 | 2022년 3월 2일

지은이 | 김동훈
펴낸이 | 이원범
기획·편집 | 김은숙, 정경선
마케팅 | 안오영
표지디자인 | 강선욱
본문디자인 | 김수미

펴낸곳 | 어바웃어북
출판등록 | 2010년 12월 24일 제313-2010-377호
주소 | 서울시 강서구 마곡중앙로 161-8 C동 1002호 (마곡동, 두산더랜드파크)
전화 | (편집팀) 070-4232-6071 (영업팀) 070-4233-6070
팩스 | 02-335-6078

ISBN | 979-11-92229-02-7 03440